U0269261

After Effects
实用案例解析

董明秀 ◎主编

清华大学 出版社

北 京

内容简介

本书囊括了作者多年在 After Effects 动效设计与制作工作中总结的基础技能及拔高技巧，从 After Effects 基础的操作到进阶知识扩充，再到动效制作过程中技巧的应用，做到了全方位、立体化、多维度地向读者传授非常实用的动效设计知识。

本书内容主要包括简单基础动画制作、自然动画效果制作、绚丽光效动画制作、经典文字动画制作、影视频道片头及 ID 设计、栏目 Logo 与标识动画设计、游戏动漫特效制作、栏目形象宣传片设计和商业形象广告动画设计。同时文中还穿插了大量的提示与技巧，不仅能强化读者对软件应用及知识的吸收，更能让读者在学习过程中体会到乐趣，做到快乐学习。

本书除纸质内容之外，还随书附赠了全书案例的同步教学视频、源文件、素材和 PPT 课件，读者可扫描书中的二维码及封底的"文泉云盘"二维码，在线观看教学视频并下载学习资料。教学视频均由具有多年教学经验的动效设计名师录制，让读者在对照书籍学习的同时辅以教学视频强化学习，做到不断巩固学习效果，真正扎实地学到知识。

本书可作为欲从事动效制作、界面动效设计、影视制作、后期编辑与合成人员的参考手册，也可作为培训学校、大中专院校相关专业的教学配套教材或上机实践指导用书。

本书封面贴有清华大学出版社防伪标签，无标签者不得销售。

版权所有，侵权必究。举报：010-62782989，beiqinquan@tup.tsinghua.edu.cn。

图书在版编目（CIP）数据

After Effects实用案例解析 / 董明秀主编. —北京：清华大学出版社，2024.6
ISBN 978-7-302-66316-4

Ⅰ．①A… Ⅱ．①董… Ⅲ．①图像处理软件 Ⅳ．①TP391.413

中国国家版本馆CIP数据核字（2024）第099944号

责任编辑： 贾旭龙
封面设计： 秦　丽
版式设计： 文森时代
责任校对： 马军令
责任印制： 杨　艳

出版发行： 清华大学出版社
　　　　　网　　　址： https://www.tup.com.cn，https://www.wqxuetang.com
　　　　　地　　　址： 北京清华大学学研大厦A座　　　　　　　**邮　　编：** 100084
　　　　　社 总 机： 010-83470000　　　　　　　　　　　　　　**邮　　购：** 010-62786544
　　　　　投稿与读者服务： 010-62776969，c-service@tup.tsinghua.edu.cn
　　　　　质 量 反 馈： 010-62772015，zhiliang@tup.tsinghua.edu.cn
印 装 者： 北京联兴盛业印刷股份有限公司
经　　销： 全国新华书店
开　　本： 203mm×260mm　　　　　**印　　张：** 18.25　　　　　**字　　数：** 419千字
版　　次： 2024年6月第1版　　　　　　　　　　　　　　　**印　　次：** 2024年6月第1次印刷
定　　价： 89.80元

产品编号：100396-01

前言
PREFACE

1. 写作目的

优秀的动画效果总能带给人们很强的视觉冲击，随着社会的发展、科技的进步，以及人们对高质量生活的不断追求，人们的自然审美追求也越来越高。本书编写的目的在于帮助读者朋友使用 After Effects 更好地制作或设计出精彩的动画效果，以此满足人们的视觉需求，并为人们带来精神上的享受。

2. 本书内容介绍

本书所讲的动效制作主要分为两大部分。第一部分是影视特效制作，包括简单基础动画制作、自然动画效果制作、炫丽光效动画制作及经典文字动画制作。第二部分是栏目包装设计，包括影视频道片头及 ID 设计、栏目 Logo 与标识动画设计、游戏动漫特效制作、栏目形象宣传片设计和商业形象广告动画设计。这两部分内容在保持自己独立知识范畴的同时也会有知识交叉，让读者从基础知识开始学习，逐步进阶，不断提高，进而掌握更多高级技巧的运用方法，在有限的章节中学习更多实用的动效制作和设计知识。

本书是作者多年的经验总结，采用的案例都是从以往大量的案例中精挑细选出来的。每个案例都代表着特有的一种动效设计类型，整本书的知识系统且全面，相信读者朋友一定会受益非浅。

3. 本书特色

全面的知识点解析。本书将知识点融入案例，不仅详细讲解了 After Effects 的基础操作方法和案例制作流程，帮助读者快速上手。也对 After Effects 的各种特效技术进行了深入解析，如动态图形、文字动画、光效动画、游戏特效等。另外，本书还会涉及 After Effects 的高级功能，如 3D 图层、表达式等，帮助读者逐步提升创作能力。

丰富的实战案例。本书案例类型多样化，涉及多个领域和场景，如动画、影视、栏目包装、游戏、商业广告等，难度逐层递进，并通过详细的操作步骤和技巧提示全盘解析 After Effects 的功能和用法，能够很好地满足各类读者的学习需求，使读者快速实现从入门到入行，从新手到高手。

完善的配套资源。本书附赠同步高清教学视频，涵盖所有案例，扫描书中二维码即可随时观看、学习。对于院校老师，我们还提供了 PPT 课件，扫描封底的"文泉云盘"二维码即可获取。

4. 作者及售后

本书由董明秀主编，同时参与编写的还有王红卫、崔鹏、郭庆改、王世迪、吕保成、王红启、王翠花、夏红军、王巧伶、王香、石珍珍等同志。在此感谢所有创作人员对本书付出的艰辛。另外，在创作的过程中，由于时间仓促，不足之处在所难免，恳请广大读者批评指正。如果您在学习过程中发现问题，或有更好的建议，可扫描封底的"文泉云盘"二维码获取作者联系方式，与我们交流、沟通。

编者

2024 年 3 月

目录
CATALOG

第1章　简单基础动画制作 ··· 1

1.1　转场动画制作 ················· 2

1.2　动感频谱效果制作 ··········· 3

1.3　破碎动画制作 ················· 5

1.4　板书动画制作 ················· 7

1.5　翻页动画制作 ··············· 10

1.6　课后上机实操 ··············· 11

　　1.6.1　上机实操1——缩放动画 ············· 11

　　1.6.2　上机实操2——卷轴动画 ············· 12

第2章　自然动画效果制作 ··· 13

2.1　夜晚雨景动画制作 ··········· 14

2.2　街道雪景动画制作 ··········· 16

2.3　窗外水珠动画制作 ··········· 17

2.4　森林光线动画制作 ··········· 19

2.5　海底泡泡动画制作 ··········· 21

　　2.5.1　制作主视觉动画 ·········· 22

　　2.5.2　添加动画细节 ············ 23

2.6　课后上机实操 ··············· 26

　　2.6.1　上机实操1——万花筒动画 ············· 26

　　2.6.2　上机实操2——闪电动画 ··············· 26

第3章　炫丽光效动画制作 ··· 28

3.1　转场光效制作 ··············· 29

3.2　爆炸光波效果制作 ··········· 32

　　3.2.1　制作冲击波效果 ··········· 32

　　3.2.2　完成整个爆炸场景制作 ····· 34

　　3.2.3　调整显示效果 ············ 34

3.3　魔法光球制作 ··············· 36

　　3.3.1　制作光球合成 ············ 37

　　3.3.2　添加粒子元素 ············ 39

　　3.3.3　完成魔法光球制作 ········· 41

3.4　电路光效制作 ··············· 42

　　3.4.1　处理文字轮廓 ············ 42

　　3.4.2　制作光线特效 ············ 44

　　3.4.3　添加发光效果 ············ 45

3.5　科幻光环制作 ··············· 46

　　3.5.1　制作光线 ················ 47

　　3.5.2　打造光环 ················ 48

　　3.5.3　合成光环组 ·············· 49

　　3.5.4　制作整体效果 ············ 50

3.6　课后上机实操 ··············· 51

3.6.1 上机实操 1——延时光线 ……… 51

3.6.2 上机实操 2——烟花飞溅效果 ……… 52

第 4 章 经典文字动画制作 …………… 53

4.1 花纹字动画制作 ………………… 54

4.2 质感扫光字动画制作 ……… 56

4.3 光芒字动画制作 ……… 59

4.4 书法字动画制作 ……… 62

4.5 复古星光字动画制作 ……… 64

4.6 科幻掉落字动画制作 ……… 68

4.7 碰撞文字动画制作 ……… 70

4.8 时尚过渡字动画制作 ……… 73

4.8.1 制作过渡文字动画 ……… 73

4.8.2 添加背景装饰 ……… 75

4.9 课后上机实操 ……… 76

4.9.1 上机实操 1——被风吹走的文字 …… 76

4.9.2 上机实操 2——光效闪字 ……… 77

第 5 章 影视频道片头及 ID 设计 …………… 78

5.1 新闻节目片尾动画制作 ……… 79

5.1.1 打造场景动画 ……… 79

5.1.2 打造场景 2 动画 ……… 81

5.1.3 完成总合成动画制作 ……… 83

5.1.4 制作文字动画 ……… 85

5.2 梦幻花朵开场制作 ……… 87

5.2.1 制作星光泡泡背景 ……… 88

5.2.2 处理花朵动画素材 ……… 91

5.2.3 打造文字动画 ……… 92

5.2.4 添加炫光装饰素材 ……… 94

5.2.5 制作花朵动画 2 ……… 94

5.2.6 打造花朵动画 3 ……… 96

5.2.7 完成总合成动画制作 ……… 96

5.3 星光开场动画制作 ……… 98

5.3.1 制作璀璨星光效果 ……… 99

5.3.2 调整星光效果 ……… 100

5.3.3 打造星光动画 ……… 101

5.3.4 添加粒子装饰 ……… 102

5.3.5 制作文字动画 ……… 103

5.3.6 添加星芒动画 ……… 105

5.3.7 打造奖杯动画 ……… 107

5.3.8 添加光线特效装饰 ……… 108

5.3.9 制作整体动画 ……… 110

5.4 课后上机实操 ……… 112

5.4.1 上机实操 1——MUSIC 频道 ID 演绎 ……… 112

5.4.2 上机实操 2——卡通水下世界动画 设计 ……… 113

第 6 章 栏目 Logo 与标识动画 设计 …………… 114

6.1 啤酒派对开场标识设计 ……… 115

6.1.1 制作背景效果 ……… 115

6.1.2 添加木桶动画 ……… 116

6.1.3 制作路径文字效果 ……… 117

6.1.4 打造红丝带动画 ……… 120

6.1.5 制作啤酒动画 ……… 122

6.1.6 打造流动的啤酒 ……… 123

6.2   冰冻标识动画设计 ………… 126

6.2.1   制作结冰背景 ……………… 127

6.2.2   制作白云背景 ……………… 128

6.2.3   打造冰冻整体背景 ………… 129

6.2.4   制作冰冻文字 ……………… 131

6.2.5   制作立体字 ………………… 133

6.2.6   打造冰冻效果 ……………… 135

6.2.7   制作冰溜效果 ……………… 137

6.2.8   打造整体最终效果 ………… 138

6.3   课后上机实操 ……………… 140

6.3.1   上机实操1——音乐电台片头动画
设计 ………………………… 141

6.3.2   上机实操2——科幻栏目标志动画
设计 ………………………… 142

第7章   游戏动漫特效
制作 ………… 143

7.1   武士游戏开场动画制作 ……… 144

7.1.1   制作背景效果 ……………… 145

7.1.2   添加云雾装饰 ……………… 146

7.1.3   制作标志纹理 ……………… 149

7.1.4   打造质感标志 ……………… 152

7.1.5   添加高光效果 ……………… 154

7.1.6   添加粒子效果 ……………… 155

7.1.7   添加光效 …………………… 157

7.2   史诗游戏开场制作 ………… 159

7.2.1   添加文字信息 ……………… 160

7.2.2   制作动态纹理 ……………… 160

7.2.3   制作火焰文字 ……………… 161

7.2.4   打造火焰文字 ……………… 162

7.2.5   调整火焰效果 ……………… 164

7.2.6   打造出火焰动画 …………… 165

7.2.7   制作整体火焰文字动画 …… 166

7.2.8   添加镜头光晕效果 ………… 169

7.3   穿越黑洞游戏开场制作 ……… 171

7.3.1   制作背景效果 ……………… 172

7.3.2   添加流星动画效果 ………… 176

7.3.3   添加扫描效果 ……………… 177

7.3.4   制作雷达效果 ……………… 178

7.3.5   添加警示动画 ……………… 179

7.3.6   制作隧道合成 ……………… 182

7.3.7   打造质感文字 ……………… 185

7.3.8   调整文字动画视角 ………… 188

7.3.9   对合成进行整合 …………… 189

7.4   课后上机实操 ……………… 193

7.4.1   上机实操1——飞船轰炸 … 193

7.4.2   上机实操2——魔法火焰 ……… 193

第8章   栏目形象宣传片
设计 ………… 195

8.1   在线旅行服务动画设计 ……… 196

8.1.1   制作主视觉动画 …………… 197

8.1.2   添加扫光装饰 ……………… 198

8.1.3   打造小汽车动画 …………… 199

8.1.4   打造背景动画 ……………… 200

8.1.5   制作地面图像 ……………… 201

8.1.6   添加飞机动画 ……………… 202

8.1.7   制作小汽车动画 …………… 203

8.1.8   添加动画信息 ……………… 204

8.2　新春形象片头动画设计 …… **205**

8.2.1　制作卷轴动画 ………… 206

8.2.2　细化卷轴动画 ………… 208

8.2.3　为卷轴动画添加装饰 … 209

8.2.4　添加质感文字 ………… 210

8.2.5　添加扫光效果 ………… 211

8.2.6　打造开门红动画 ……… 212

8.2.7　制作开门效果 ………… 213

8.2.8　添加投影效果 ………… 214

8.2.9　添加底部装饰动画 …… 217

8.3　星光舞台开幕式动画设计 … **220**

8.3.1　制作舞台动画 ………… 221

8.3.2　添加扫光动画 ………… 223

8.3.3　打造整体动画 ………… 224

8.3.4　添加勾画光线 ………… 226

8.3.5　添加清新粒子效果 …… 228

8.3.6　增加彩球装饰动画 …… 229

8.3.7　添加文字动画效果 …… 231

8.4　课后上机实操 ………… **232**

8.4.1　上机实操1——公益宣传片 ……… 232

8.4.2　上机实操2——球赛开幕式动画

设计 ……………… 233

第9章　商业形象广告动画设计 …… **235**

9.1　在线购物产品动画设计 ……… **236**

9.1.1　绘制圆圈图像 ………… 237

9.1.2　制作文字动画 ………… 238

9.1.3　补充圆形动画 ………… 239

9.1.4　添加细节文字信息 ……… 242

9.1.5　打造总合成背景 ……… 244

9.1.6　为总合成添加耳机动画 ……… 246

9.1.7　为总合成添加手表动画 ……… 247

9.2　踏青之旅主题动画设计 …… **249**

9.2.1　添加文字信息 ………… 250

9.2.2　打造粒子效果 ………… 251

9.2.3　制作光芒效果 ………… 254

9.2.4　制作白云动画 ………… 255

9.2.5　绘制草原图像 ………… 257

9.2.6　制作春天草原 ………… 260

9.2.7　添加白云动画 ………… 261

9.2.8　添加光晕装饰动画 …… 262

9.2.9　完成总合成制作 ……… 263

9.3　时尚服装宣传动画设计 …… **265**

9.3.1　制作背景文字动画 …… 266

9.3.2　绘制装饰图形 ………… 268

9.3.3　制作装饰花朵动画 …… 270

9.3.4　打造文字动画 ………… 271

9.3.5　再次制作花朵动画 …… 273

9.3.6　处理模特动画图像 …… 274

9.3.7　制作模特动画 ………… 275

9.3.8　打造多个模特动画 …… 276

9.3.9　再次打造模特动画 …… 278

9.3.10　制作总合成动画 …… 278

9.4　课后上机实操 ………… **280**

9.4.1　上机实操1——旅游主题包装

设计 ……………… 280

9.4.2　上机实操2——果饮新品上市动画

设计 ……………… 281

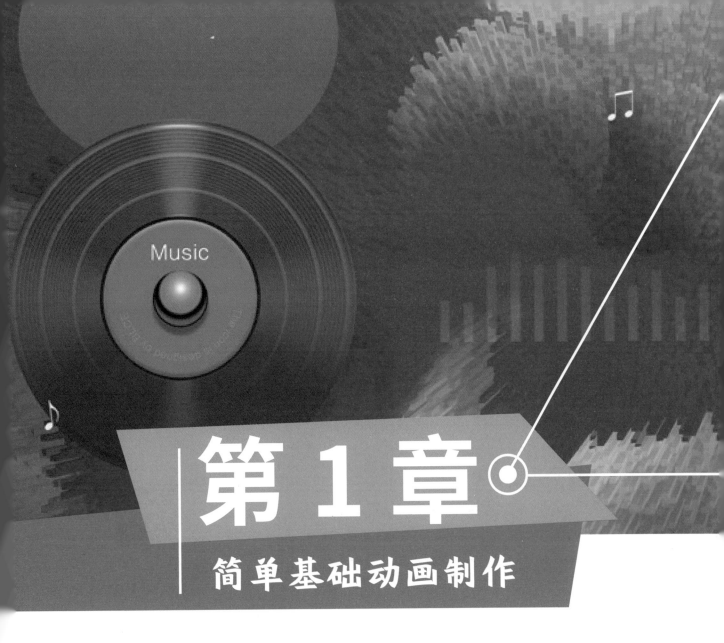

第1章

简单基础动画制作

内容摘要

本章主要讲解简单基础动画制作。本章的案例只需要使用简单的命令或者效果控件即可完成整个动画效果的制作。在整个讲解过程中，我们例举了转场动画制作、动感频谱效果制作、破碎动画制作、板书动画制作及翻页动画制作。通过对这些案例的学习，读者可以掌握基本的简单基础动画制作。

教学目标

◉ 学会转场动画制作　　　　　　　　　◉ 学习动感频谱效果制作

◉ 学会破碎动画制作　　　　　　　　　◉ 了解板书动画制作过程

◉ 掌握翻页动画制作技巧

1.1 转场动画制作

实例解析

本例主要讲解制作转场效果。转场动画效果是视频动画中十分常见的动画表现形式，通过添加转场效果可以使画面的衔接更加自然漂亮。最终效果如图 1.1 所示。

难易程度：★☆☆☆☆

工程文件：第 1 章 \ 转场动画制作

图 1.1

知识点

【CC Glass Wipe（CC 玻璃擦除）】特效

视频文件

操作步骤

1️⃣ 执行菜单栏中的【合成】|【新建合成】命令，打开【合成设置】对话框，设置【合成名称】为"转场动画"，【宽度】为 720，【高度】为 405，【帧速率】为 25，并设置【持续时间】为 0:00:05:00，【背景颜色】为黑色，完成之后单击【确定】按钮，如图 1.2 所示。

2️⃣ 执行菜单栏中的【文件】|【导入】|【文件】命令，打开【导入文件】对话框，选择"游戏 .jpg""游戏 2.jpg"素材。导入素材，如图 1.3 所示。

3️⃣ 将导入的素材拖入时间轴面板，如图 1.4 所示。

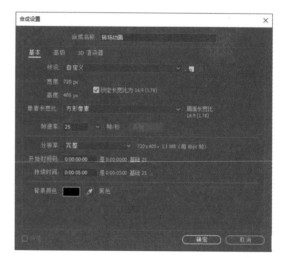

图 1.2

图1.3

图1.4

4 选中【游戏.jpg】层，在【效果和预设】面板中展开【过渡】特效组，然后双击【CC Glass Wipe（CC玻璃擦除）】特效。

5 在【效果控件】面板的【Layer to Reveal（显示层）】下拉列表中选择【2.游戏2.jpg】选项，在【Gradient Layer（渐变层）】下拉列表中选择【1.游戏.jpg】选项，设置【Softness（柔化）】的值为25.00，【Displacement Amount（偏移量）】的值为15.0，如图1.5所示。将时间调整到0:00:00:00的位置，设置【Completion（转换完成）】的值为0.0%，单击【Completion（转换完成）】左侧的码表◎按钮，在当前位置添加关键帧。

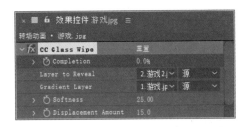

图1.5

6 将时间调整到0:00:02:00的位置，设置【Completion（转换完成）】的值为100.0%，系统将自动添加关键帧，如图1.6所示。

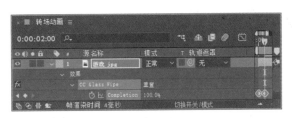

图1.6

7 这样就完成了最终整体效果制作，按小键盘上的0键即可在合成窗口中预览动画。

1.2 动感频谱效果制作

 实例解析

本例主要讲解动感频谱效果制作。频谱动画效果在娱乐动画中十分常见，通过输入文字并为其添加相应动效即可完成整个效果制作。最终效果如图1.7所示。

难易程度：★★☆☆☆

工程文件：第1章\动感频谱效果制作

图 1.7

知识点

【摆动】属性

视频文件

操作步骤

1 执行菜单栏中的【合成】|【新建合成】命令，打开【合成设置】对话框，设置【合成名称】为"音乐频谱"，【宽度】为720，【高度】为405，【帧速率】为25，并设置【持续时间】为0:00:05:00，【背景颜色】为黑色，完成之后单击【确定】按钮，如图 1.8 所示。

图 1.8

2 执行菜单栏中的【文件】|【导入】|【文件】命令，打开【导入文件】对话框，选择"黑胶唱片.jpg"素材。导入素材，如图 1.9 所示。

图 1.9

3 将导入的素材拖入时间轴面板。

4 选择工具栏中的【横排文字工具】**T**，在图像中输入大写英文字母"I"（Arial），并将其图层名称更改为"字符"，如图 1.10 所示。

图 1.10

5　将时间调整到 0:00:00:00 的位置，在工具栏中选择【矩形工具】▬，在字符位置绘制一个蒙版，如图 1.11 所示。

图 1.11

6　展开【字符】层，单击【文本】右侧的 动画▶ 按钮，从下拉列表中选择【缩放】选项，单击【缩放】左侧的【约束比例】按钮 ∞，取消约束，设置【缩放】的值为（100.0，50.0%），如图 1.12 所示。单击【动画制作工具 1】右侧的三角形 添加:▶ 按钮，从下拉列表中选择【选择器】|【摆动】选项。

图 1.12

7　选中【背景】图层，在【效果和预设】面板中展开【生成】特效组，然后双击【梯度渐变】特效。

8　在【效果控件】面板中，设置【渐变起点】为（500.0，148.0），【起始颜色】为黑色，【渐变终点】为（500.0，260.0），【结束颜色】为红色（R：132，G：0，B：0），如图 1.13 所示。

图 1.13

9　选中【字符】图层，将其图层【模式】更改为【相加】，如图 1.14 所示。

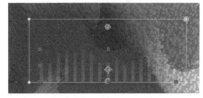

图 1.14

10　这样就完成了最终整体效果制作，按小键盘上的 0 键即可在合成窗口中预览效果。

1.3　破碎动画制作

 实例解析

本例主要讲解破碎动画制作。破碎动画的制作比较简单，只需要添加破碎效果控件即可完成整个动画效果的制作。最终效果如图 1.15 所示。

难易程度：★★☆☆☆

工程文件：第 1 章 \ 破碎动画制作

图 1.15

 知识点

【破碎】特效

视频文件

操作步骤

1. 执行菜单栏中的【合成】|【新建合成】命令，打开【合成设置】对话框，设置【合成名称】为"破碎效果"，【宽度】为720，【高度】为405，【帧速率】为25，并设置【持续时间】为0:00:05:00，【背景颜色】为黑色，完成之后单击【确定】按钮，如图1.16所示。

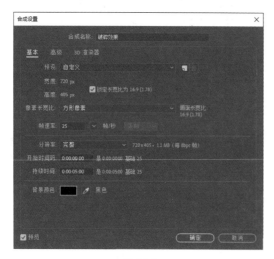

图 1.16

2. 执行菜单栏中的【文件】|【导入】|【文件】命令，打开【导入文件】对话框，选择"背景.jpg""彩球.psd"素材。导入素材，如图1.17所示。

图 1.17

3. 将导入的素材拖入时间轴面板，并将【彩球.psd】层置于上方，如图1.18所示。

4. 选中【彩球.psd】图层，在【效果和预设】面板中展开【模拟】特效组，然后双击【碎片】特效。

5. 在【效果控件】面板的【视图】下拉列表中选择【已渲染】选项，展开【形状】选项组，从【图案】下拉列表中选择【玻璃】选项，设置【重复】的值为80.00，【凸出深度】的值为0.01，如图1.19

所示。

图 1.18

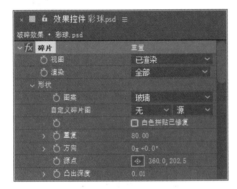

图 1.19

6　展开【作用力 1】选项组，将【位置】更改为（360.0，285.0），如图 1.20 所示。

图 1.20

7　展开【物理学】选项组，将【重力】更改为 0.20，如图 1.21 所示。

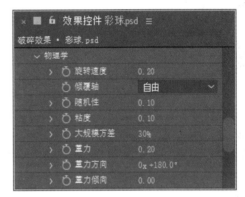

图 1.21

8　这样就完成了最终整体效果的制作，按小键盘上的 0 键即可在合成窗口中预览动画。

1.4　板书动画制作

　实例解析

本例主要讲解板书动画制作。板书动画注重考察基础的动画制作。最终效果如图 1.22 所示。

难易程度：★☆☆☆☆

工程文件：第 1 章 \ 板书动画制作

图 1.22

 知识点

【涂写】特效
【毛边】特效

视频文件

操作步骤

1　执行菜单栏中的【合成】|【新建合成】命令，打开【合成设置】对话框，设置【合成名称】为"板书动画"，【宽度】为720，【高度】为405，【帧速率】为25，并设置【持续时间】为0:00:05:00，如图1.23所示。

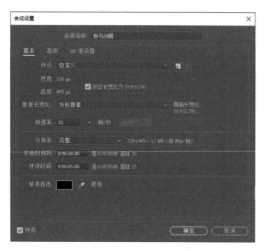

图 1.23

2　执行菜单栏中的【文件】|【导入】|【文件】命令，打开【导入文件】对话框，选择"黑板.jpg"素材。导入素材，如图1.24所示。

图 1.24

3　在【项目】面板中选择【背景】素材，将其拖动到【板书动画】合成的时间轴面板中。

4　执行菜单栏中的【图层】|【新建】|【纯色】命令，打开【纯色设置】对话框，设置【名称】为"粉笔"，【颜色】为白色。

5　选中【粉笔】图层，在工具栏中选择【钢笔工具】，在图像中沿内部空白区域绘制一个心形路径，如图 1.25 所示。

图 1.25

6 在【效果和预设】面板中展开【生成】特效组，然后双击【涂写】特效。

7 在【效果控件】面板中，从【蒙版】下拉列表中选择【蒙版 1】选项，将颜色更改为黄色（R：255，G：250，B：215），设置【描边宽度】为 1.0。

8 展开【描边选项】选项组，将【曲度变化】更改为 0%，将【间距】更改为 1.0，将【路径重叠变化】更改为 5.0，将时间调整到 0:00:00:00 的位置，单击【结束】左侧码表按钮，并将【结束】数值更改为 46.0%，在当前位置添加关键帧，如图 1.26 所示。

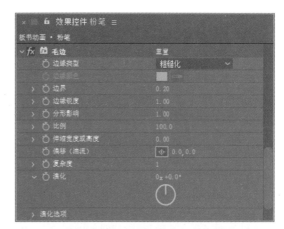

图 1.26

9 将时间调整到 0:00:04:24 的位置，将【结束】更改为 100.0%，系统将自动添加关键帧，如图 1.27 所示。

图 1.27

10 在【效果和预设】面板中展开【风格化】特效组，然后双击【毛边】特效。

11 在【效果控件】面板中，将【边界】更改为 0.20，【复杂度】更改为 1，如图 1.28 所示。

图 1.28

12 这样就完成了最终整体效果的制作，按小键盘上的 0 键即可在合成窗口中预览效果。

1.5 翻页动画制作

实例解析

本例主要讲解翻页动画制作。翻页动画制作同样比较简单，只需要使用简单的翻页效果控件即可完成效果制作。最终效果如图 1.29 所示。

难易程度：★★☆☆☆

工程文件：第 1 章 \ 翻页动画制作

图 1.29

知识点

【CC Page Turn（CC 翻页）】特效

视频文件

操作步骤

① 执行菜单栏中的【文件】|【导入】|【文件】命令，打开【导入文件】对话框，选择"笔记本 .psd"素材。

② 在导入的对话框中选择【导入种类】为"合成 - 保持图层大小"，选中【可编辑的图层样式】单选按钮，完成之后单击【确定】按钮，如图 1.30 所示。

③ 双击【笔记本】合成，在弹出的时间轴面板中选中【封面】图层，如图 1.31 所示。

④ 在【效果和预设】面板中展开【扭曲】特效组，然后双击【CC Page Turn（CC 翻页）】特效。

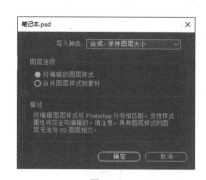

图 1.30

图 1.31

5 在【效果控件】面板中，设置【Controls（控制）】为【Top Right Corner（右顶角）】，【Fold Position（折叠位置）】为（333.0，0.0）；将时间调整到0:00:00:00的位置，单击其左侧码表 按钮，在当前位置添加关键帧；设置【Back Opacity（折回不透明度）】为100.0，如图1.32所示。

Position（折叠位置）】设置为（−186.0，0.0），系统将自动添加关键帧，如图1.33所示。

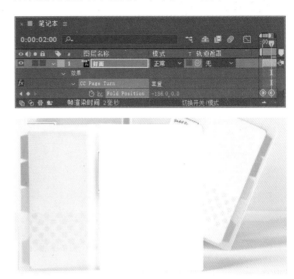

图1.33

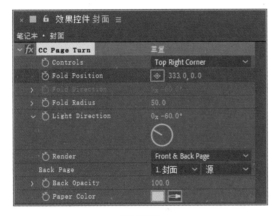

图1.32

6 将时间调整到0:00:02:00的位置，将【Fold

7 这样就完成了最终整体效果的制作，按小键盘上的0键即可在合成窗口中预览动画。

1.6 课后上机实操

本章通过两个课后上机实操，对简单的基础动画内容进行巩固，帮助读者掌握其应用方法和技巧，以便在日后的动画制作中更好的应用。

1.6.1 上机实操1——缩放动画

 实例解析

本例主要通过对【缩放】属性的设置来制作缩放动画。完成的动画流程画面如图1.34所示。

难易程度：★☆☆☆☆

工程文件：第1章\缩放动画

图 1.34

 知识点

【缩放】属性
【不透明度】属性

视频文件

1.6.2　上机实操 2——卷轴动画

 实例解析

本例主要利用【位置】属性制作卷轴动画效果。完成的动画流程画面如图 1.35 所示。

难易程度：★★☆☆☆

工程文件：第 1 章＼卷轴动画

图 1.35

 知识点

【位置】属性
【不透明度】属性

视频文件

第 2 章
自然动画效果制作

内容摘要

　　本章主要讲解自然动画效果制作。本章中的动画效果制作比较简单，主要使用 After Effects 内置的效果控件，通过简单的参数调整即可完成整个自然动画效果制作。本章主要列举了夜晚雨景动画制作、森林光线动画制作、街道雪景动画制作、海底泡泡动画制作、窗外水珠动画制作等实例。通过对这些实例的学习，读者可以掌握自然类动画效果的制作。

教学目标

　◎ 学会夜晚雨景动画制作　　　　◎ 学习森林光线动画制作

　◎ 了解街道雪景动画制作　　　　◎ 掌握海底泡泡动画制作

　◎ 学会窗外水珠动画制作

2.1 夜晚雨景动画制作

 实例解析

本例主要讲解夜晚雨景动画制作。雨景动画制作比较简单，本例通过选取夜晚图像并为其添加下雨效果即可完成整个动画的制作。最终效果如图 2.1 所示。

难易程度：★☆☆☆☆

工程文件：第 2 章 \ 夜晚雨景动画制作

图 2.1

知识点

【CC Rainfall（下雨）】特效

视频文件

操作步骤

1 执行菜单栏中的【合成】|【新建合成】命令，打开【合成设置】对话框，设置【合成名称】为"下雨"，【宽度】为 720，【高度】为 405，【帧速率】为 25，并设置【持续时间】为 0:00:05:00，如图 2.2所示。

2 执行菜单栏中的【文件】|【导入】|【文件】命令，打开【导入文件】对话框，选择"街道 .jpg"素材。导入素材，如图 2.3 所示。

3 在【项目】面板中选择【街道 .jpg】素材，将其拖动到【下雨】合成的时间轴面板中，如图 2.4所示。

图 2.2

图 2.3

图 2.4

图 2.5

4　选中【街道.jpg】图层，先在【效果和预设】面板中展开【模拟】特效组，然后双击【CC Rainfall（CC 下雨）】特效。

5　在【效果控件】面板中，设置【Speed（速度）】为2000，【Wind（风力）】为300.0，【Opacity（不透明度）】为40，如图 2.5 所示。

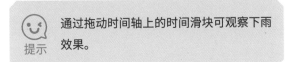
通过拖动时间轴上的时间滑块可观察下雨效果。

6　执行菜单栏中的【图层】|【新建】|【纯色】命令，新建一个纯色图层，颜色为黑色，并将其图层名称更改为"暗边"。

7　选择工具栏中的【椭圆工具】，绘制一个椭圆蒙版，如图 2.6 所示。

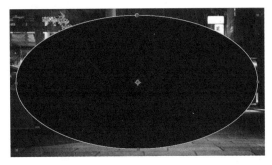

图 2.6

8　按 F 键打开【蒙版羽化】，将数值更改为（200.0，200.0），选中【反转】复选框，将【模式】更改为【柔光】，如图 2.7 所示。

9　选中【暗边】图层，将时间调整到 0:00:00:00 的位置，打开【不透明度】关键帧，单击【不透明度】左侧码表按钮，在当前位置添加关键帧，将其数值更改为 0%。

图 2.7

10 将时间调整到 0:00:04:24 的位置，将【不透明度】更改为 60%，系统将自动添加关键帧，制作不透明度动画效果，如图 2.8 所示。

图 2.8

11 这样就完成了最终整体效果的制作，按小键盘上的 0 键即可在合成窗口中预览动画。

2.2 街道雪景动画制作

 实例解析

本例主要讲解街道雪景动画制作。本例在制作过程中先选取漂亮的冬季夜晚街道图像作为背景，然后添加效果控件制作雪景动画效果。最终效果如图 2.9 所示。

难易程度：★☆☆☆☆

工程文件：第 2 章 \ 街道雪景动画制作

图 2.9

 知识点

【CC Snowfall（下雪）】特效

视频文件

操作步骤

1 执行菜单栏中的【合成】|【新建合成】命令，打开【合成设置】对话框，设置【合成名称】为"下雪"，【宽度】为720，【高度】为405，【帧速率】为25，并设置【持续时间】为0:00:05:00，如图2.10所示。

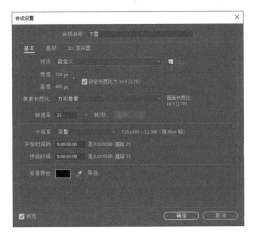

图 2.10

2 执行菜单栏中的【文件】|【导入】|【文件】命令，打开【导入文件】对话框，选择"雪夜.jpg"素材。导入素材，如图2.11所示。

图 2.11

3 在【项目】面板中选择【雪夜.jpg】素材，将其拖动到【下雪】合成的时间轴面板中。

4 选中【雪夜.jpg】图层，在【效果和预设】面板中展开【模拟】特效组，然后双击【CC Snowfall（下雪）】特效。

5 在【效果控件】面板中，设置【Size（大小）】为8.00，【Wind（风力）】为50.0，【Opacity（不透明度）】为100.0，如图2.12所示。

图 2.12

6 这样就完成了最终整体效果的制作，按小键盘上的0键即可在合成窗口中预览动画。

2.3 窗外水珠动画制作

 实例解析

本例主要讲解窗外水珠动画制作。本例通过选取玻璃质感图像，再添加水珠图像制作出真实的窗外水珠动画效果。最终效果如图 2.13 所示。

难易程度：★☆☆☆☆
工程文件：第 2 章 \ 窗外水珠动画制作

图 2.13

 知识点

【CC Mr. Mercury（CC 水银）】特效

视频文件

操作步骤

1 执行菜单栏中的【合成】|【新建合成】命令，打开【合成设置】对话框，设置【合成名称】为"水珠动画"，【宽度】为 720，【高度】为 405，【帧速率】为 25，并设置【持续时间】为 0:00:05:00，【背景颜色】为黑色，完成之后单击【确定】按钮，如图 2.14 所示。

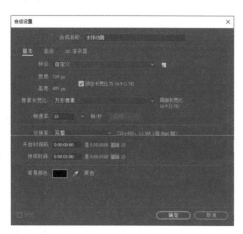

图 2.14

2 执行菜单栏中的【文件】|【导入】|【文件】命令，打开【导入文件】对话框，选择"窗外 .jpg"素材。导入素材，如图 2.15 所示。

图 2.15

3 在【项目】面板中选中【窗外.jpg】合成，将其拖至时间轴面板中。

4 选中【窗外.jpg】图层，按 Ctrl+D 组合键复制图层并更改名称为【窗外 2】。

⑤ 选中【窗外 2】图层，在【效果和预设】面板中展开【模拟】特效组，然后双击【CC Mr. Mercury（CC 水银）】特效。

⑥ 在【效果控件】面板中，设置【Radius X（X 轴半径）】为 200.0，【Radius Y（Y 轴半径）】为 80.0，【Producer（发生器）】为（360.0，0.0），【Velocity（速度）】为 0.0，【Birth Rate（出生率）】为 2.0，【Longevity(sec)（寿命）】为 2.0，【Gravity（重力）】为 0.2，【Resistance（阻力）】为 0.00，选择【Animation（动画）】为【Direction（方向）】，【Influence Map（作用地图）】为【Blob out（滴出）】，【Blob Birth Size（融化出生大小）】为 0.10，【Blob Death Size（融化消逝大小）】为 0.20，如图 2.16 所示。

⑦ 将时间向后调整即可观察到水滴效果。

⑧ 这样就完成了最终整体效果的制作，按小键盘上的 0 键即可在合成窗口中预览动画。

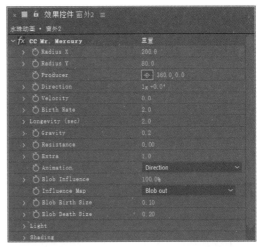

图 2.16

2.4　森林光线动画制作

 实例解析

本例主要讲解森林光线动画制作。本例通过选取森林图像并添加【Shine（光）】效果控件，使整个光线效果非常真实。最终效果如图 2.17 所示。

难易程度：★★☆☆☆

工程文件：第 2 章 \ 森林光线动画制作

图 2.17

知识点

【Shine（光）】特效

操作步骤

1 执行菜单栏中的【合成】|【新建合成】命令，打开【合成设置】对话框，设置【合成名称】为"光线"，【宽度】为720，【高度】为405，【帧速率】为25，并设置【持续时间】为0:00:05:00，【背景颜色】为黑色，完成之后单击【确定】按钮，如图2.18所示。

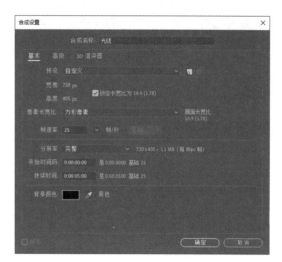

图 2.18

2 执行菜单栏中的【文件】|【导入】|【文件】命令，打开【导入文件】对话框，选择"森林.jpg"素材。导入素材，如图2.19所示。

3 在【项目】面板中选中【森林.jpg】素材，将其拖至时间轴面板中。

4 选中【森林.jpg】图层，按 Ctrl+D 组合键复制一个图层，并将复制生成的图层名称更改为

【光线】，如图2.20所示。

图 2.19

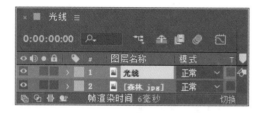

图 2.20

5 将时间调整到 0:00:00:00 的位置，选中【光线】图层，在【效果和预设】面板中展开 RG Trapcode 特效组，然后双击【Shine（光）】特效。

6 在【效果控件】面板中，设置【Source Point（源点）】为（160.0，−230.0），单击其左侧码表 按钮，在当前位置添加关键帧，设置【Ray Length（光线长度）】为6.0，如图2.21所示。

7 展开【Shimmer（微光）】选项组，将【Detail（细节）】更改为5.0，将【Boost light（光线亮度）】更改为5.0，如图2.22所示。

图 2.21

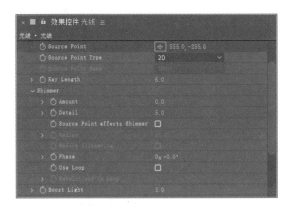

图 2.22

8　将时间调整到 0:00:04:24 的位置，设置【Source Point（源点）】的值为（555.0，−255.0），系统将自动添加关键帧，如图 2.23 所示。

图 2.23

9　执行菜单栏中的【图层】|【新建】|【调

整图层】命令。

10　选中【光线】图层，在【效果和预设】面板中展开【颜色校正】特效组，然后双击【曲线】特效。

11　在【效果控件】面板中修改【曲线】特效的参数，如图 2.24 所示。

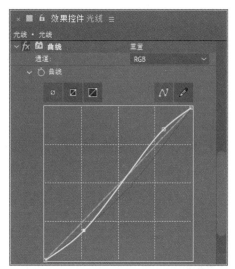

图 2.24

12　这样就完成了最终整体效果的制作，按小键盘上的 0 键即可在合成窗口中预览动画。

2.5　海底泡泡动画制作

 实例解析

本例主要讲解海底泡泡动画制作。本例在制作过程中通过添加泡泡上升的动画表现海底美景的视觉效果。最终效果如图 2.25 所示。

难易程度：★★★☆☆

工程文件：第 2 章 \ 海底泡泡动画制作

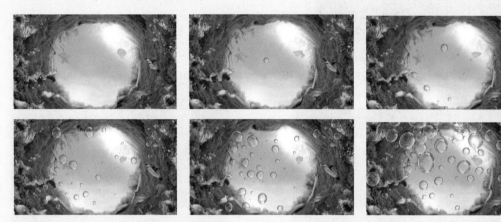

图 2.25

 知识点

【泡沫】特效

【置换图】特效

视频文件

 操作步骤

2.5.1　制作主视觉动画

1️⃣ 执行菜单栏中的【合成】|【新建合成】命令，打开【合成设置】对话框，设置【合成名称】为"泡泡动画"，【宽度】为720，【高度】为405，【帧速率】为25，并设置【持续时间】为0:00:05:00，如图 2.26 所示。

2️⃣ 执行菜单栏中的【文件】|【导入】|【文件】命令，打开【导入文件】对话框，选择"海底 .jpg"素材。导入素材，如图 2.27 所示。

图 2.26

图 2.27

3 选择【海底.jpg】图层，按 Ctrl+D 组合键复制出另一个图层，将该图层名称更改为【海底 2】。

4 选择【海底 2】图层，在【效果和预设】面板中展开【模拟】特效组，然后双击【泡沫】特效。

5 在【效果控件】面板中，从【视图】下拉列表中选择【已渲染】，展开【制作者】选项组，设置【产生点】的值为（345.0，580.0），设置【产生 X 大小】的值为 0.450，【产生 Y 大小】的值为 0.450，【产生速率】的值为 2.000，如图 2.28 所示。

图 2.28

6 展开【气泡】选项组，设置【大小】的值为 1.000，【大小差异】的值为 0.650，【寿命】的值为 170.000，【气泡增长速度】的值为 0.010，如图 2.29 所示。

7 展开【物理学】选项组，设置【初始速度】的值为 2.000，【摇摆量】为 0.070。

8 展开【正在渲染】选项组，从【气泡纹理】下拉列表中选择【水滴珠】，【反射强度】的值为

1.000，【反射融合】的值为 1.000，如图 2.30 所示。

图 2.29

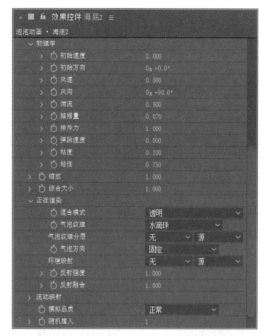

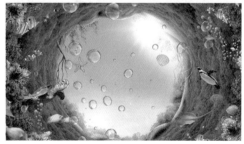

图 2.30

2.5.2　添加动画细节

1 执行菜单栏中的【合成】|【新建合成】命

令，打开【合成设置】对话框，设置【合成名称】为"置换图"，【宽度】为720，【高度】为405，【帧速率】为25，并设置【持续时间】为0:00:20:00，【背景颜色】为黑色，完成之后单击【确定】按钮。

2　执行菜单栏中的【图层】|【新建】|【纯色】命令，在弹出的对话框中将【名称】更改为"噪波"，将【颜色】更改为黑色，完成之后单击【确定】按钮。

3　选中【噪波】图层，在【效果和预设】面板中展开【杂色和颗粒】特效组，然后双击【分形杂色】特效。

4　选中【噪波】图层，按S键展开【缩放】属性，单击【缩放】左侧的【约束比例】 按钮取消约束，设置【缩放】数值为（200.0，209.0%），如图2.31所示，效果如图2.32所示。

图 2.31

图 2.32

5　在【效果控件】面板中设置【对比度】的值为448.0，【亮度】的值为22.0，展开【变换】选项组，设置【缩放】的值为40.0，如图2.33所示。

6　在【效果和预设】面板中展开【颜色校正】特效组，然后双击【色阶】特效。

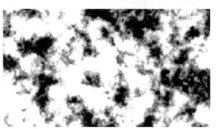

图 2.33

7　在【效果控件】面板中设置【输入黑色】的值为95.0，【灰度系数】的值为0.28，如图2.34所示。

图 2.34

8　选中【噪波】图层，按P键展开【位置】属性，设置【位置】数值为（2.0，288.0），将时间调整到0:00:00:00的位置，单击【位置】左侧的码表 按钮，在当前位置设置关键帧。

9　将时间调整到0:00:19:24的位置，设置【位置】的数值为（718.0，288.0），系统将自动添加关键帧，如图2.35所示。

10　执行菜单栏中的【图层】|【新建】|【纯色】命令，创建一个纯色图层，【颜色】为白色，【名

称】为"调整图层 1"。

图 2.35

11 选中【调整图层 1】层，在工具栏中选择【矩形工具】■，在合成窗口中绘制一个矩形蒙版区域，如图 2.36 所示。

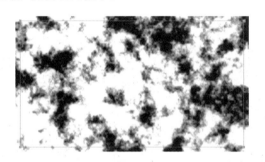

图 2.36

12 按 F 键展开【蒙版羽化】属性，设置【蒙版羽化】数值为（15.0，15.0），如图 2.37 所示。

图 2.37

13 设置【噪波】层的【轨道遮罩】为【1. 调整图层 1】，如图 2.38 所示。

14 打开【泡泡动画】合成，在【项目】面板中选择【置换图】合成，将其拖动到【泡泡动画】合成的时间轴面板中，并放置在底层，如图 2.39所示。

15 选中【海底 .jpg】图层，在【效果和预设】

面板中展开【扭曲】特效组，然后双击【置换图】特效。

图 2.38

图 2.39

16 在【效果控件】面板中，从【置换图层】下拉列表中选择【3. 置换图】，如图 2.40 所示。

图 2.40

17 这样就完成了最终整体效果的制作，按小键盘上的 0 键即可在合成窗口中预览动画。

2.6　课后上机实操

本章主要讲解在影视动画中模拟现实生活中的自然动画的制作，并安排了两个课后上机实操，以便读者加深对本章内容的理解。

2.6.1　上机实操1——万花筒动画

 实例解析

本例主要利用【CC Kaleida（CC 万花筒）】特效制作万花筒动画效果。完成的动画流程画面如图2.41所示。

难易程度：★☆☆☆☆

工程文件：第2章\万花筒动画

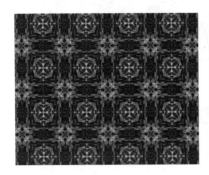

图2.41

视频文件

 知识点

【CC Kaleida（CC 万花筒）】特效

2.6.2　上机实操2——闪电动画

 实例解析

本例主要利用【高级闪电】特效制作闪电动画效果。完成的动画流程画面如图2.42所示。

难易程度：★★☆☆☆

工程文件：第2章\闪电动画

图 2.42

视频文件

知识点

【高级闪电】特效

第3章

炫丽光效动画制作

内容摘要

　　本章将讲解炫丽光效动画的制作，主要讲解 After Effects 制作光效的方法及技巧，通过添加效果控件和调整参数即可制作不同风格的漂亮的炫丽光效动画。本章列举了转场光效制作、爆炸光波效果制作、魔法光球制作、电路光效制作及科幻光环制作等实例。通过对这些实例的学习，读者可以掌握大部分光效动画的制作。

教学目标

◉ 学会转场光效制作　　　　　　◉ 学习爆炸光波效果制作

◉ 了解魔法光球制作过程　　　　◉ 掌握电路光效制作技巧

◉ 学会科幻光环制作

3.1 转场光效制作

实例解析

本例主要讲解转场光效制作，制作重点在于调整【Shine（光）】的参数。最终效果如图 3.1 所示。

难易程度：★★☆☆☆

工程文件：第 3 章\转场光效制作

图 3.1

知识点

【Shine（光）】特效

视频文件

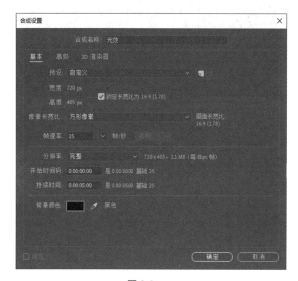

操作步骤

1 执行菜单栏中的【合成】|【新建合成】命令，打开【合成设置】对话框，设置【合成名称】为"光效"，【宽度】为 720，【高度】为 405，【帧速率】为 25，并设置【持续时间】为 0:00:05:00，如图 3.2 所示。

2 执行菜单栏中的【文件】|【导入】|【文件】命令，打开【导入文件】对话框，选择"芯片.jpg"素材。导入素材，如图 3.3 所示。

3 在【项目】面板中选择【芯片.jpg】素材，将其拖动到【光效】合成的时间轴面板中。

4 将时间调整到 0:00:00:08 的位置，选中【芯片.jpg】图层，在【效果和预设】面板中展开【过渡】特效组，然后双击【卡片擦除】特效。

图 3.2

图 3.3

5 在【效果控件】面板中，设置【过渡完成】的值为30%，【过渡宽度】的值为100%，分别单击【过渡完成】和【过渡宽度】左侧的码表⚫按钮，在当前位置添加关键帧，如图3.4所示。

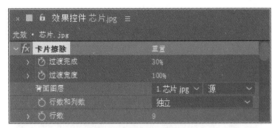

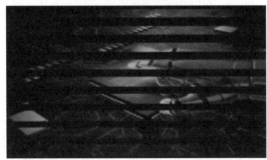

图 3.4

6 将时间调整到0:00:01:20的位置，设置【过渡完成】的值为100%，【过渡宽度】的值为0%，系统会自动添加关键帧，如图3.5所示。

7 在【效果控件】面板的【翻转轴】下拉列表中选择【随机】选项，从【翻转方向】下拉列表中选择【正向】选项。

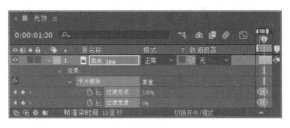

图 3.5

8 展开【摄像机位置】选项组，设置【Z轴旋转】的值为（1x+0.0°），将时间调整到0:00:01:20的位置，单击【Z轴旋转】左侧的码表⚫按钮，在当前位置添加关键帧，如图3.6所示。

图 3.6

9 将时间调整到0:00:01:22的位置，设置【Z轴旋转】的值为（0 x+0.0°），系统将自动添加关键帧，如图3.7所示。

图 3.7

10 选择【芯片.jpg】图层，在【效果和预设】面板中展开RG Trapcode特效组，双击【Shine（光）】特效。

11 在【效果控件】面板中展开【Pre-Process（预处理）】选项组，设置【Source Point（源点）】的值为（-24.0，286.0），将时间调整到 0:00:00:00 的位置，单击【Source Point（源点）】左侧的码表 按钮，在当前位置添加关键帧，如图 3.8 所示。

图 3.8

12 将时间调整到 0:00:00:13 的位置，设置【Source Point（源点）】的值为（546.0，406.0），系统会自动添加关键帧。

13 将时间调整到 0:00:01:06 的位置，设置【Source Point（源点）】的值为（613.0，336.0）。

14 将时间调整到 0:00:01:20 的位置，设置【Source Point（源点）】的值为（505.0，646.0），如图 3.9 所示。

图 3.9

15 展开【Shimmer（微光）】选项组，设置【Amount（数量）】的值为 180.0，【Boost Light（光线亮度）】的值为 6.5，如图 3.10 所示

16 将时间调整到 0:00:01:00 的位置，展开【Colorize（着色）】选项组，设置【Highlights（高光）】为白色，单击【Highlights（高光）】左侧的码表 按钮，在当前位置添加关键帧，如图 3.11 所示。

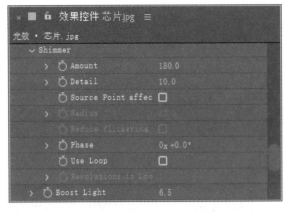

图 3.10

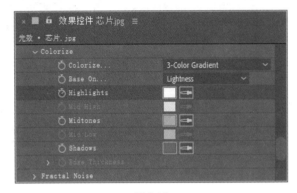

图 3.11

17 将时间调整到 0:00:01:22 的位置，设置【Highlights（高光）】为绿色（R：162，G：255，B：63），系统会自动添加关键帧，如图 3.12 所示。

图 3.12

18 这样就完成了最终整体效果的制作，按小键盘上的 0 键即可在合成窗口中预览动画。

3.2　爆炸光波效果制作

实例解析

本例主要讲解爆炸光波效果的制作，该制作比较简单，主要使用【Shine（光）】和【不透明度】等效果控件。最终效果如图 3.13 所示。

难易程度：★★★☆☆

工程文件：第 3 章\爆炸光波效果制作

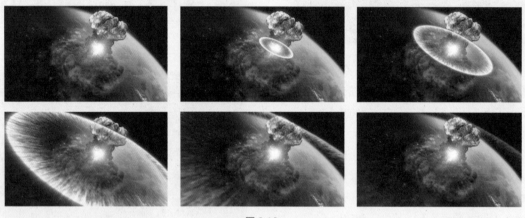

图 3.13

知识点

【Shine（光）】特效

【不透明度】属性

视频文件

操作步骤

3.2.1　制作冲击波效果

1 执行菜单栏中的【合成】|【新建合成】命令，打开【合成设置】对话框，设置【合成名称】为"路径"，【宽度】为 700，【高度】为 700，【帧速率】为 25，并设置【持续时间】为 0:00:05:00，如图 3.14 所示。

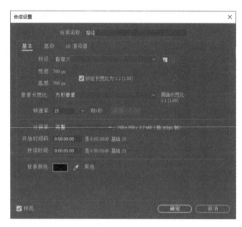

图 3.14

2 执行菜单栏中的【文件】|【导入】|【文件】命令，打开【导入文件】对话框，选择"爆炸背景.jpg"素材。导入素材，如图 3.15 所示。

图 3.15

3 执行菜单栏中的【图层】|【新建】|【纯色】命令，在弹出的对话框中将【名称】更改为"白色"，将【颜色】更改为白色，完成之后单击【确定】按钮。

4 选择工具栏中的【椭圆工具】，选中【白色】图层，按住 Shift+Ctrl 组合键绘制一个正圆蒙版路径，如图 3.16 所示。

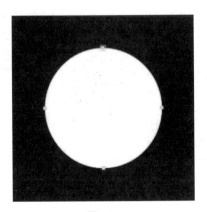

图 3.16

5 执行菜单栏中的【图层】|【新建】|【纯色】命令，在弹出的对话框中将【名称】更改为"黑色"，将【颜色】更改为黑色，完成之后单击【确定】按钮。

6 选择工具栏中的【椭圆工具】，选中【黑色】图层，按住 Shift+Ctrl 组合键绘制一个正圆蒙版路径，如图 3.17 所示。

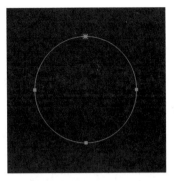

图 3.17

7 选中【黑色】图层，展开【蒙版 1】|【蒙版扩展】，将其数值更改为 -10.0，如图 3.18 所示。

图 3.18

8 选中【黑色】图层，在【效果和预设】面板中展开【风格化】特效组，然后双击【毛边】特效。

9 在【效果控件】面板中，将【边界】更改为 300.00，将【边缘锐度】更改为 10.00，将【比例】更改为 10.0，将【复杂度】更改为 10，将时间调整到 0:00:00:00 的位置，单击【演化】左侧码表按钮，在当前位置添加关键帧，如图 3.19 所示。

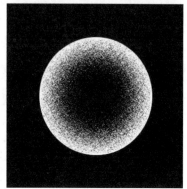

图 3.19

10 将时间调整到 0:00:02:00 的位置,将【演化】更改为（−5x+0.0°），系统将自动添加关键帧,如图 3.20 所示。

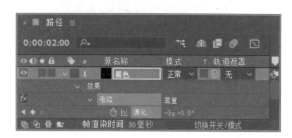

图 3.20

3.2.2 完成整个爆炸场景制作

1 执行菜单栏中的【合成】|【新建合成】命令,打开【合成设置】对话框,设置【合成名称】为"爆炸场景",【宽度】为 720,【高度】为 405,【帧速率】为 25,并设置【持续时间】为 0:00:05:00,如图 3.21 所示。

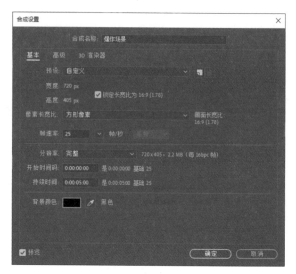

图 3.21

2 在【项目】面板中选中【路径】合成,将其拖至当前时间轴面板中,并在图像中将其适当缩小,如图 3.22 所示。

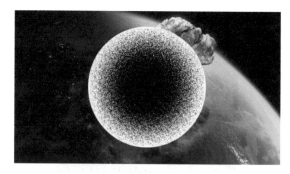

图 3.22

3.2.3 调整显示效果

1 选中【路径】图层,在【效果和预设】面板中展开 RG Trapcode 特效组,然后双击【Shine（光）】特效。

2 在【效果控件】面板中,将【Ray Length（光线长度）】更改为 0.5,将【Boost Light（光线亮度）】

更改为 1.7，如图 3.23 所示。

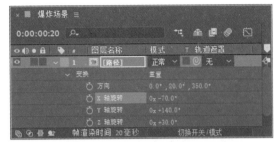

图 3.23

3　展开【Colorize（着色）】选项组，将
【Colorize…（着色）】更改为【Romance（浪漫）】，
将【Midtones（中间调）】更改为粉色（R：255，
G：138，B：0），将【Blend Mode（混合模式）】
更改为【None（无）】，如图 3.24 所示。

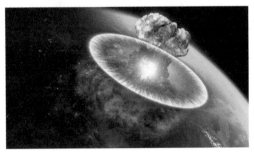

图 3.24

4　打开【路径】图层 3D 开关，展开【变换】，
将【方向】更改为（0.0°，20.0°，350.0°），将
【X 轴旋转】更改为（0x-70.0°），将【Y 轴旋
转】更改为（0x+140.0°），将【Z 轴旋转】更改
为（0x+30.0°），如图 3.25 所示。

图 3.25

5　将时间调整到 0:00:00:00 的位置，展开
【变换】，单击【缩放】右侧【约束比例】　按
钮，取消约束比例，将其数值更改为（0.0，0.0，
100.0%），并单击其左侧码表　按钮，在当前位置
添加关键帧，如图 3.26 所示。

图 3.26

6　选中【路径】图层，将时间调整到 0:00:

02:00 的位置，将【缩放】更改为（300.0，300.0，100.0%），系统将自动添加关键帧，如图 3.27 所示。

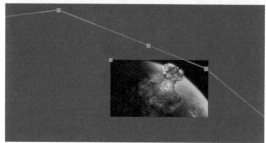

图 3.27

7 选中【路径】图层，将时间调整到 0:00:01:15 帧的位置，打开【不透明度】关键帧，单击其左侧码表 按钮，在当前位置添加关键帧，并将其数值更改为 100%；将时间调整到 0:00:02:00 的位置，再将其数值更改为 0%，系统将自动添加关键帧，制作不透明度动画，如图 3.28 所示。

8 将时间调整到 0:00:01:11 的位置，选中【路径】图层，按 Ctrl+D 组合键复制图层并更改名称为【路径 2】，将【路径 2】图层的【不透明度】更改为 50%。

图 3.28

9 选中【路径】图层，将其图层模式更改为【屏幕】，如图 3.29 所示。

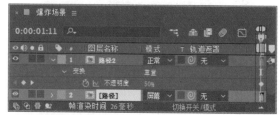

图 3.29

10 这样就完成了最终整体效果的制作，按小键盘上的 0 键即可在合成窗口中预览动画。

3.3 魔法光球制作

  实例解析

本例主要讲解魔法光球的制作，该效果的制作比较简单，通过新建纯色层并添加效果控件即可完成整体效果制作。最终效果如图 3.30 所示。

难易程度：★★☆☆☆

工程文件：第 3 章 \ 魔法光球制作

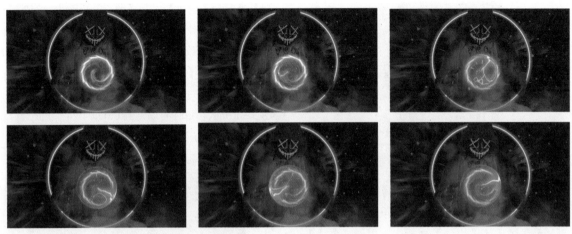

图 3.30

 知识点

【圆形】特效

【CC Lens（镜头）】特效

【曲线】特效

视频文件

 **操作步骤**

3.3.1 制作光球合成

①　执行菜单栏中的【合成】|【新建合成】命令，打开【合成设置】对话框，设置【合成名称】为"光球"，【宽度】为 700，【高度】为 600，【帧速率】为 25，并设置【持续时间】为 0:00:05:00，如图 3.31 所示。

②　执行菜单栏中的【文件】|【导入】|【文件】命令，打开【导入文件】对话框，选择"背景 .jpg"素材。导入素材，如图 3.32 所示。

③　执行菜单栏中的【图层】|【新建】|【纯色】命令，在弹出的对话框中将【名称】更改为"蓝色"，将【颜色】更改为蓝色（R：35，G：26，B：

255），完成之后单击【确定】按钮。

图 3.31

图 3.32

4 选中【蓝色】图层，在【效果和预设】面板中展开【生成】特效组，然后双击【圆形】特效。

5 在【效果控件】面板中，展开【羽化】选项组，将【羽化外侧边缘】更改为350.0，将【混合模式】更改为【模板 Alpha】，如图3.33所示。

图 3.33

6 执行菜单栏中的【图层】|【新建】|【纯色】命令，在弹出的对话框中将【名称】更改为"闪光"，将【颜色】更改为黑色，完成之后单击【确定】按钮。

7 在【效果和预设】面板中展开【生成】特效组，然后双击【高级闪电】特效。

8 在【效果控件】面板中，将【闪电类型】更改为【随机】，将【源点】更改为（350.0，300.0），将【外径】更改为（300.0，0.0），将【传导率状态】更改为10.0，将时间调整到0:00:00:00的位置，单击【传导率状态】左侧码表 按钮，在当前位置添加关键帧，并将其数值更改为10.0，如图3.34所示。将时间调整到0:00:04:24帧的位置，将【传导率状态】的数值更改为30.0。

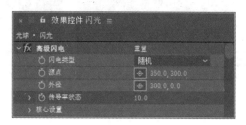

图 3.34

9 展开【发光设置】选项组，将【发光颜色】更改为紫色（R: 175，G: 50，B: 255），如图3.35所示。

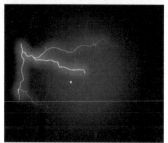

图 3.35

10 选中【闪光】图层，在【效果和预设】面板中展开【扭曲】特效组，然后双击【CC Lens（镜头）】特效。

11 在【效果控件】面板中，将【Size（大小）】更改为 50.0，如图 3.36 所示。

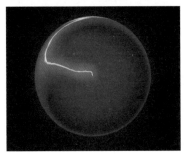

图 3.36

12 在【效果和预设】面板中展开【风格化】特效组，然后双击【发光】特效。

13 在【效果控件】面板中，将【发光半径】更改为 10.0，将【发光强度】更改为 0.2，如图 3.37 所示。

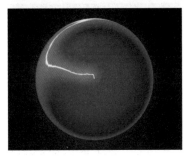

图 3.37

3.3.2 添加粒子元素

1 执行菜单栏中的【图层】|【新建】|【纯色】命令，打开【纯色设置】对话框，设置【名称】为"粒子"。

2 选中【粒子】图层，在【效果和预设】面板中展开【模拟】特效组，双击【CC Particle World（CC 粒子世界）】特效。

3 在【效果控件】面板中，设置【Birth Rate（出生率）】数值为 0.6，如图 3.38 所示。

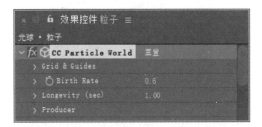

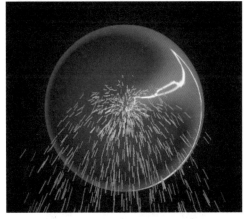

图 3.38

4 展开【Producer（发生器）】选项组，设置【Radius X（X 轴半径）】数值为 0.145，【Radius Y（Y 轴半径）】数值为 0.135，【Radius Z（Z 轴半径）】数值为 0.805，如图 3.39 所示。

5 展开【Physics（物理学）】选项组，从【Animation（动画）】右侧下拉列表中选择【Twirl（扭转）】，设置【Velocity（速度）】数值为 0.06，【Gravity（重力）】数值为 0.000，如图 3.40 所示。

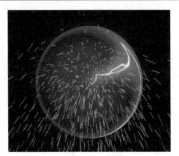

图 3.39

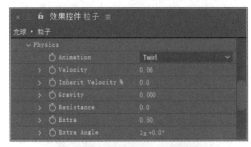

图 3.40

6 展开【Particle（粒子）】选项组，从【Particle Type（粒子类型）】右侧下拉列表中选择【Faded Sphere（衰减球）】，设置【Birth Size（出生大小）】数值为0.140，【Death Size（消逝大小）】数值为

0.100，如图 3.41 所示。

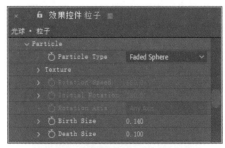

图 3.41

7 选中【粒子】图层，在【效果和预设】面板中展开【扭曲】特效组，双击【CC Lens（CC镜头）】特效。

8 在【效果控件】面板中，设置【Center（中心）】数值为（350.0，300.0），【Size（大小）】数值为50.0，如图 3.42 所示。

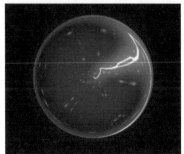

图 3.42

9 选中【粒子】图层，设置该层的图层【模式】为【相加】，如图 3.43 所示。

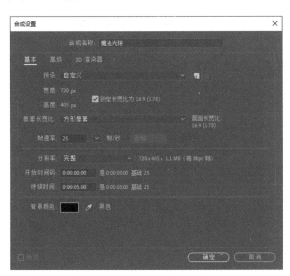

图 3.43

3.3.3 完成魔法光球制作

1 执行菜单栏中的【合成】|【新建合成】命令，打开【合成设置】对话框，设置【合成名称】为"魔法光球"，【宽度】为 720，【高度】为 405，【帧速率】为 25，并设置【持续时间】为 0:00:05:00，如图 3.44 所示。

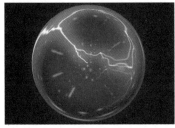

图 3.44

2 在【项目】面板中选中"背景.jpg"和【光球】合成，将其拖至当前时间轴面板中。

3 选中【光球】图层，将时间调整到 0:00:00:00 的位置，打开【缩放】关键帧，单击【缩放】左侧码表 按钮，在当前位置添加关键帧，并将【缩放】更改为（0.0，0.0%）。

4 将时间调整到 0:00:02:00 的位置，将【缩放】更改为（35.0，35.0%），系统将自动添加关键帧，制作放大动画效果，如图 3.45 所示。

图 3.45

5 在【效果和预设】面板中展开【颜色校正】特效组，然后双击【曲线】特效。

6 在【效果控件】面板中，拖动曲线，增加图像亮度，如图 3.46 所示。

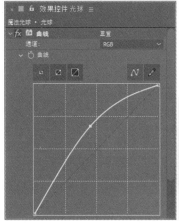

图 3.46

7 这样就完成了最终整体效果的制作，按小键盘上的 0 键即可在合成窗口中预览动画。

3.4 电路光效制作

 实例解析

本例主要讲解电路光效制作，在制作过程中，先绘制图形并为其添加发光效果，然后制作光效动画，即可完成整个效果制作。最终效果如图 3.47 所示。

难易程度：★★☆☆☆

工程文件：第 3 章 \ 电路光效制作

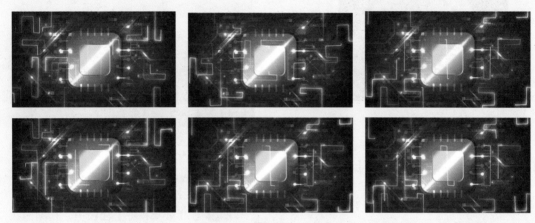

图 3.47

 知识点

【勾画】特效

【发光】特效

视频文件

 操作步骤

3.4.1 处理文字轮廓

①执行菜单栏中的【合成】|【新建合成】命令，打开【合成设置】对话框，设置【合成名称】为"光线"，【宽度】为 720，【高度】为 405，【帧速率】为 25，并设置【持续时间】为 0:00:05:00，如图 3.48 所示。

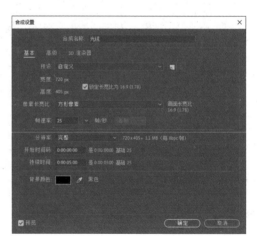

图 3.48

2 执行菜单栏中的【文件】|【导入】|【文件】命令，打开【导入文件】对话框，选择"电路.jpg"素材。导入素材，如图3.49所示。

图 3.49

3 选择工具栏中的【横排文字工具】**T**，在背景靠左侧区域输入文字（字体为Franklin Gothic Medium Cond），如图3.50所示。

图 3.50

4 执行菜单栏中的【合成】|【新建合成】命令，打开【合成设置】对话框，设置【合成名称】为"光线2"，【宽度】为720，【高度】为405，【帧速率】为25，并设置【持续时间】为0:00:05:00，如图3.51所示。

5 选择工具栏中的【横排文字工具】**T**，在图像中靠右侧区域输入文字（字体为Franklin Gothic Medium Cond），如图3.52所示。

6 执行菜单栏中的【合成】|【新建合成】命令，打开【合成设置】对话框，设置【合成名称】为"电路背景"，【宽度】为720，【高度】为405，【帧速率】为25，并设置【持续时间】为0:00:05:00，如图3.53所示。

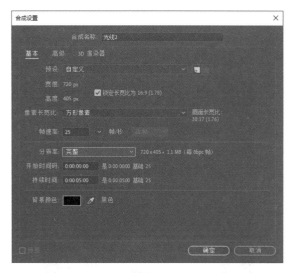

图 3.51

图 3.52

图 3.53

7 打开【电路背景】合成，在【项目】面板中，同时选中【光线】及【光线2】图层，将其拖至【电路背景】时间轴面板中，如图3.54所示。

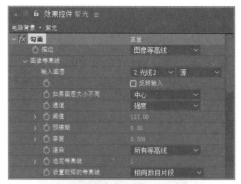

图 3.55

图 3.54

3.4.2 制作光线特效

1 执行菜单栏中的【图层】|【新建】|【纯色】命令，在弹出的对话框中将【名称】更改为"紫光"，将【颜色】更改为黑色。

2 选中【紫光】图层，在【效果和预设】面板中展开【生成】特效组，然后双击【勾画】特效。

3 在【效果控件】面板中，展开【图像等高线】选项组，将【输入图层】更改为【2.光线2】，如图3.55所示。

4 展开【片段】选项组，将【片段】更改为1，将【长度】更改为0.500，将时间调整到0:00:00:00的位置，单击【旋转】左侧码表 按钮，选中【随机相位】复选框，将【随机植入】更改为6，如图3.56所示。

5 将时间调整到0:00:04:24的位置，将【旋转】更改为（-1x-240.0°），系统将自动添加关键帧，如图3.57所示。

图 3.56

图 3.57

3.4.3　添加发光效果

1 选中【紫光】图层，在【效果和预设】面板中展开【风格化】特效组，然后双击【发光】特效。

2 在【效果控件】面板中，将【发光阈值】更改为 20.0%，将【发光半径】更改为 20.0，将【发光强度】更改为 2.0，将【发光颜色】更改为【A 和 B 颜色】，将【颜色 A】更改为深蓝色（R：0，G：48，B：255），将【颜色 B】更改为紫色（R：192，G：0，B：255），如图 3.58 所示。

图 3.58

3 选中【紫光】图层，按 Ctrl+D 组合键复制一个新图层并将复制生成的新图层名称重命名为"绿光"。

4 选中【绿光】图层，在【效果控件】面板中选中【勾画】效果，展开【图像等高线】选项组，将【输入图层】更改为【4. 光线】，如图 3.59 所示。

图 3.59

5 选中【发光】效果，将其展开，将【颜色 A】更改为青色（R：0，G：255，B：246），将【颜色 B】更改为绿色（R：156，G：255，B：0），如图 3.60 所示。

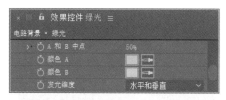

图 3.60

6 同时选中【光线】及【光线 2】图层，将其隐藏，再同时选中【绿光】及【紫光】图层，将其图层【模式】更改为【屏幕】，如图 3.61 所示。

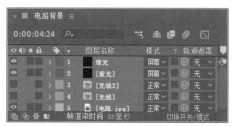

图 3.61

7 选中【绿光】图层，按 Ctrl+D 组合键复制该图层并更改名称为【绿光 2】，打开【旋转】属性，将【旋转】更改为（0x+180.0°），如图 3.62 所示。

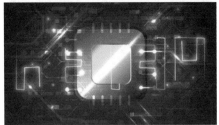

图 3.62

小键盘上的 0 键即可在合成窗口中预览动画。

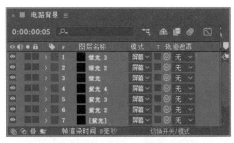

图 3.63

⑧ 以同样的方法将光效图层复制数份并对其进行旋转及移动,如图 3.63 所示。

⑨ 这样就完成了最终整体效果的制作,按

3.5 科幻光环制作

 实例解析

本例主要讲解科幻光环制作。在制作过程中,首先制作一个光线效果,然后将光线效果进行复制并组合成完整的光环效果。最终效果如图 3.64 所示。

难易程度:★★☆☆☆

工程文件:第 3 章 \ 科幻光环制作

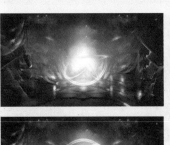 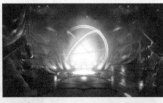 

   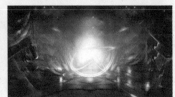

图 3.64

知识点

【极坐标】特效

【发光】特效

视频文件

操作步骤

3.5.1　制作光线

1　执行菜单栏中的【合成】|【新建合成】命令,打开【合成设置】对话框,设置【合成名称】为"光线",【宽度】为 720,【高度】为 405,【帧速率】为 25,并设置【持续时间】为 0:00:05:00,如图 3.65 所示。

图 3.65

2　执行菜单栏中的【文件】|【导入】|【文件】命令,打开【导入文件】对话框,选择"科幻背景 .jpg"素材。导入素材,如图 3.66 所示。

3　执行菜单栏中的【图层】|【新建】|【纯色】

命令,在弹出的对话框中将【名称】更改为"光线",将【颜色】更改为白色,完成之后单击【确定】按钮。

图 3.66

4　选择工具栏中的【矩形工具】 ,选中【光线】图层,在图像中绘制一个细长矩形蒙版,如图 3.67 所示。

图 3.67

5　展开【蒙版】|【蒙版 1】,单击【蒙版羽化】右侧【约束比例】 图标,将数值更改为(100.0,3.0),如图 3.68 所示。

6　选中【光线】图层,按 Ctrl+D 组合键复制一个【光线 2】图层。

图 3.68

图 3.70

7 选中【光线 2】图层，在图像中将其向下
稍微移动，如图 3.69 所示。

图 3.69

图 3.71

3 选中【光线】图层，在【效果和预设】面
板中展开【扭曲】特效组，然后双击【极坐标】特效。

4 在【效果控件】面板中，将【插值】更
改为 100.0%，将【转换类型】更改为【矩形到极线】，
如图 3.72 所示。

3.5.2 打造光环

1 执行菜单栏中的【合成】|【新建合成】命
令，打开【合成设置】对话框，设置【合成名称】
为 "光环"，【宽度】为 720，【高度】为 405，【帧
速率】为 25，并设置【持续时间】为 0:00:05:00，
如图 3.70 所示。

2 选中【光线】合成，将其拖至【光环】
合成时间轴面板中，如图 3.71 所示。

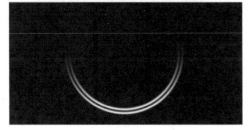

图 3.72

5 在【效果和预设】面板中展开【风格化】特效组，然后双击【发光】特效。

6 在【效果控件】面板中，将【发光阈值】更改为 40.0%，将【发光半径】更改为 50.0，将【发光强度】更改为 2.0，设置【发光颜色】为【A 和 B 颜色】，【颜色 A】为黄色（R：255，G：250，B：0），【颜色 B】为绿色（R：25，G：255，B：0），如图 3.73 所示。

图 3.73

7 选中【光线】图层，将时间调整到 0:00:00:00 的位置，打开【旋转】关键帧，单击【旋转】左侧码表 按钮，在当前位置添加关键帧。

8 将时间调整到 0:00:04:24 的位置，将其数值更改为（5x+0.0°），系统将自动添加关键帧，

如图 3.74 所示。

图 3.74

3.5.3　合成光环组

1 执行菜单栏中的【合成】|【新建合成】命令，打开【合成设置】对话框，设置【合成名称】为"光环组"，【宽度】为 720，【高度】为 405，【帧速率】为 25，并设置【持续时间】为 0:00:05:00，如图 3.75 所示。

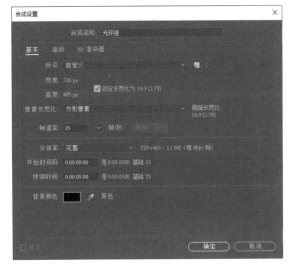

图 3.75

2 在【项目】面板中选中【光环】合成，将其拖至当前时间轴面板中。

3 选中【光环】图层，按 Ctrl+D 组合键复制【光环 2】、【光环 3】及【光环 4】3 个新图层，如图 3.76 所示。

图 3.76

4 选中【光环 2】图层，在【效果和预设】面板中展开【过时】特效组，然后双击【基本 3D】特效。

5 在【效果控件】面板中，将【旋转】更改为（0x+120.0°），将【倾斜】更改为（0x-40.0°），如图 3.77 所示。

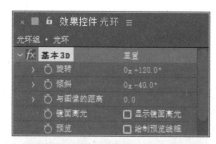

图 3.77

6 选中【光环 2】图层，在【效果控件】面板中，选中【基本 3D】效果控件，按 Ctrl+C 组合键将其复制，再选中【光环 3】图层，在【效果控件】面板中按 Ctrl+V 组合键将其粘贴，将【旋转】更改为（0x-50.0°），将【倾斜】更改为（0x-100.0°），如图 3.78 所示。

7 以同样的方法为【光环 4】添加【基本 3D】效果控件，并调整数值，如图 3.79 所示。

图 3.78

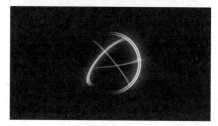

图 3.79

3.5.4 制作整体效果

1 执行菜单栏中的【合成】|【新建合成】命令，打开【合成设置】对话框，设置【合成名称】为"整体效果"，【宽度】为 720，【高度】为 405，【帧速率】为 25，并设置【持续时间】为 0:00:05:00，如图 3.80 所示。

2 在【项目】面板中，同时选中【光环组】及【科幻背景.jpg】素材，将其拖至当前时间轴面板中，并将【光环组】图层移至上方，如图 3.81 所示。

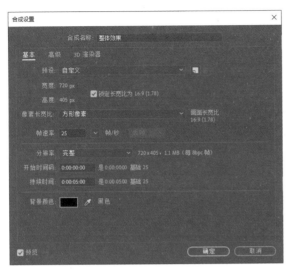

图 3.80

图 3.81

③ 这样就完成了最终整体效果的制作,按小键盘上的 0 键即可在合成窗口中预览动画。

3.6 课后上机实操

在动漫、栏目包装及影视特效中经常可以看到运用光效对整体动画的点缀,光效不仅可以作用在动画的背景上,使动画整体更加绚丽,还可以作用到动画的主体上,使主题更加突出。据此,我们安排了两个课后上机实操,帮助读者进一步了解常见奇幻光线特效的制作方法。

3.6.1 上机实操 1——延时光线

 实例解析

本例主要利用【描边】特效制作延时光线效果。完成的动画流程画面如图 3.82 所示。

难易程度:★☆☆☆☆

工程文件:第 3 章 \ 延时光线

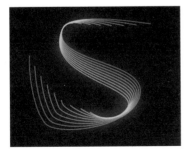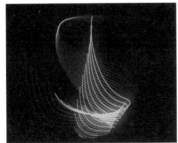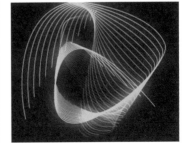

图 3.82

知识点

【描边】特效
【残影】特效
【发光】特效

视频文件

3.6.2 上机实操 2——烟花飞溅效果

 实例解析

本例主要利用【CC Particle World（CC 粒子世界）】和【发光】特效制作烟花飞溅效果。完成的动画流程画面如图 3.83 所示。

难易程度：★★☆☆☆

工程文件：第 3 章 \ 烟花飞溅效果

图 3.83

 知识点

【CC Particle World（CC 粒子世界）】特效
【发光】特效
【相加】模式

视频文件

第4章

经典文字动画制作

内容摘要

本章主要讲解经典文字动画制作。文字动画在 After Effects 动画制作中是一种必不可少的动画元素，其形式多种多样。本章在讲解过程中列举了花纹字动画制作、质感扫光字动画制作、光芒字动画制作、书法字动画制作、复古星光字动画制作、科幻掉落字动画制作、碰撞文字动画制作及时尚过渡字动画制作等多个实例。通过本章的学习，读者可以掌握大部分不同风格的文字动画制作。

教学目标

◉ 学会花纹字动画制作　　　　　◉ 学习科幻掉落字动画制作

◉ 了解光芒字动画制作技巧　　　◉ 掌握质感扫光字动画制作技法

◉ 学会书法字动画制作　　　　　◉ 了解碰撞文字动画制作过程

4.1　花纹字动画制作

 实例解析

本例主要讲解制作花纹字动画，整个动画制作过程比较简单，只需要为素材图像制作位置动画即可完成整个文字动画效果的制作。最终效果如图4.1所示。

难易程度：★☆☆☆☆

工程文件：第4章\花纹字动画制作

图 4.1

 知识点

【位置】属性

轨道遮罩

视频文件

 操作步骤

1 执行菜单栏中的【文件】|【导入】|【文件】命令，打开【导入文件】对话框，选择"花纹与文字 .psd"素材。导入素材，其中，【导入种类】选择"合成 - 保持图层大小"，如图4.2所示。

2 打开【花纹与文字】合成，选中【文字】图层，再按 Ctrl+D 组合键复制一个【文字 2】新图层，选中【文字 2】图层，打开【不透明度】，将其数值更改为 20%，如图4.3所示。

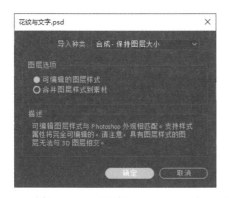

图 4.2

图 4.3

③ 选中【花纹】图层，将其图层【轨道遮罩】更改为【2. 文字】，如图 4.4 所示。

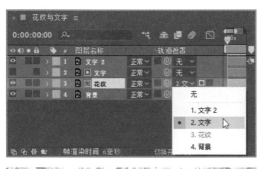

图 4.4

④ 选中【花纹】图层，将时间调整到 0:00:00:00 的位置，打开【位置】关键帧，单击【位置】左侧码表 按钮，在当前位置添加关键帧，并将【位置】数值更改为（580.0，80.0），如图 4.5 所示。

图 4.5

⑤ 将时间调整到 0:00:04:24 的位置，将【位置】更改为（220.0，245.0），系统将自动添加关键帧，如图 4.6 所示。

图 4.6

⑥ 这样就完成了最终整体效果的制作，按小键盘上的 0 键即可在合成窗口中预览动画。

4.2   质感扫光字动画制作

实例解析

本例主要讲解质感扫光字动画制作。本例的制作比较简单，先通过新建纯色图层并绘制蒙版路径制作高光图像，然后为蒙版路径制作动画，即可完成整个动画的制作。最终效果如图 4.7 所示。

难易程度：★★☆☆☆

工程文件：第 4 章 \ 质感扫光字动画制作

图 4.7

知识点

轨道遮罩

【梯度渐变】特效

【发光】特效

视频文件

操作步骤

1⃝ 执行菜单栏中的【合成】|【新建合成】命令，打开【合成设置】对话框，设置【合成名称】为"扫光字"，【宽度】为 720，【高度】为 405，【帧速率】为 25，并设置【持续时间】为 0:00:05:00，如图 4.8 所示。

2⃝ 执行菜单栏中的【文件】|【导入】|【文件】命令，打开【导入文件】对话框，选择"质感背景 .jpg"素材。导入素材，如图 4.9 所示。

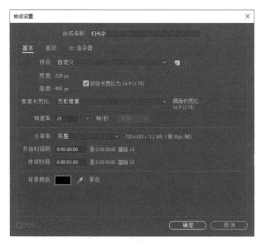

图 4.8

图 4.9

3 在【项目】面板中选择【质感背景 .jpg】素材，将其拖动到【扫光字】合成的时间轴面板中。

4 选择工具栏中的【横排文字工具】，在图像中输入文字（字体为 MStiffHei PRC），如图 4.10 所示。

图 4.10

5 选择文字层，先在【效果和预设】面板中展开【扭曲】特效组，然后双击【变换】特效。

6 在【效果控件】面板中，将【倾斜轴】的值更改为（0x+90.0°），将【倾斜】更改为 15.0，如图 4.11 所示。

图 4.11

7 选中文字层，先在【效果和预设】面板中展开【生成】特效组，然后双击【梯度渐变】特效。

8 在【效果控件】面板中，设置【渐变起点】的值为（360.0，175.0），【起始颜色】为蓝色（R: 141, G: 224, B: 255），【渐变终点】的值为（360.0，230.0），【结束颜色】为蓝色（R: 0, G: 77, B: 136），如图 4.12 所示。

9 执行菜单栏中的【图层】|【新建】|【纯色】命令，打开【纯色设置】对话框，设置【名称】为"光"，【颜色】为白色。

10 选中【光】层，在工具栏中选择【钢笔工具】，绘制一个长条形不规则蒙版路径，如图 4.13 所示。

图 4.12

图 4.13

11 选中【光】层，将其图层【模式】更改为【叠加】，再将时间调整到 0:00:00:00 的位置，展开【蒙版 1】，单击【蒙版路径】左侧的码表 按钮，在当前位置添加关键帧，如图 4.14 所示。

图 4.14

12 将时间调整到 0:00:01:15 的位置，在图像中同时选中蒙版路径上的所有锚点向右侧拖动，

系统将自动添加关键帧，如图 4.15 所示。

图 4.15

13 选中【SUPERHERO】图层，按 Ctrl+D 组合键复制一个【1.SUPERHERO 2】图层，将其移至【光】图层上方。

14 设置【光】层的【轨道遮罩】为【1.SUPERHERO 2】，如图 4.16 所示。

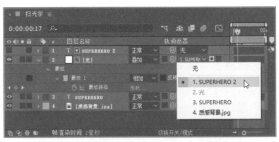

图 4.16

15 这样就完成了最终整体效果的制作，按小键盘上的 0 键即可在合成窗口中预览动画。

4.3　光芒字动画制作

 实例解析

本例主要讲解光芒字动画制作。本例中的光芒效果十分漂亮，利用【Shine（光）】效果控件即可制作漂亮的光芒字动画。最终效果如图 4.17 所示。

难易程度：★★☆☆☆

工程文件：第 4 章 \ 光芒字动画制作

图 4.17

 知识点

【Shine（光）】特效

【斜面 Alpha】特效

视频文件

 操作步骤

① 执行菜单栏中的【合成】|【新建合成】命令，打开【合成设置】对话框，设置【合成名称】为"光芒字"，【宽度】为 720，【高度】为 405，【帧速率】为 25，并设置【持续时间】为 0:00:03:00，如图 4.18 所示。

② 执行菜单栏中的【文件】|【导入】|【文件】命令，打开【导入文件】对话框，选择"蓝色背景 .jpg"素材。导入素材，如图 4.19 所示。

③ 在【项目】面板中选择"蓝色背景"素材，将其拖动到【光芒字】合成的时间轴面板中，在图像中适当缩小。

图 4.18

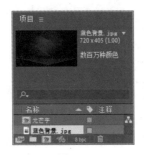

图 4.19

4 选择工具栏中的【横排文字工具】T，在图像中输入文字（字体为 MStiffHei HKS），如图 4.20 所示。

图 4.20

5 选中【METALLIC】图层，先在【效果和预设】面板中展开【生成】特效组，然后双击【梯度渐变】特效。

6 在【效果控件】面板中，将【渐变起点】更改为（362.0，236.0），将【起始颜色】更改为

白色，将【渐变终点】更改为（362.0，294.0），将【结束颜色】更改为蓝色（R：0，G：162，B：255），如图 4.21 所示。

图 4.21

7 在【效果和预设】面板中展开【透视】特效组，然后双击【斜面 Alpha】特效。

8 在【效果控件】面板中将【边缘厚度】更改为 1.00，将【灯光强度】更改为 0.30，如图 4.22 所示。

图 4.22

9 按 Ctrl+D 组合键复制文字层，生成一个

【METALLIC 2】图层。

10 选中生成的【METALLIC 2】图层，执行菜单栏中的【图层】|【变换】|【垂直翻转】命令，将文字翻转，在图像中将其向下垂直移动，如图 4.23 所示。

图 4.23

11 选中【METALLIC 2】图层，选择工具栏中的【矩形工具】■，在【METALLIC】图层中的文字位置绘制一个蒙版路径，如图 4.24 所示。

图 4.24

12 按 F 键打开【蒙版羽化】属性，将其数值更改为（50.0，50.0），如图 4.25 所示。

图 4.25

13 选中【METALLIC】层，在【效果和预设】面板中展开 RG Trapcode 特效组，双击【Shine（光）】特效。

14 在【效果控件】面板中，设置【Ray Length（光线长度）】的值为 4.0，【Boost Light（光线亮度）】的值为 2.0，将时间调整到 0:00:00:00 的位置，设置【Source Point（源点）】的值为（580.0，250.0），单击【Source Point（源点）】左侧的码表 按钮，在当前位置设置关键帧，如图 4.26 所示。

图 4.26

15 展开【Colorize（着色）】选项，将【Colorize...（着色）】更改为【One Color（单色）】，设置【Color（颜色）】为蓝色（R：68，G：187，B：255），如图 4.27 所示。

16 将时间调整到 0:00:02:24 的位置，设置【Source Point（源点）】的值为（70.0，250.0），系统将自动添加关键帧，如图 4.28 所示。

17 这样就完成了最终整体效果的制作，按小键盘上的 0 键即可在合成窗口中预览动画。

图 4.27

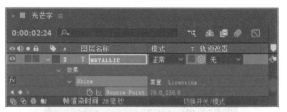

图 4.28

4.4 书法字动画制作

  实例解析

本例主要讲解书法字动画制作。该制作比较简单，通过字符位移即可完成整个动画效果的制作。最终效果如图 4.29 所示。

难易程度：★★☆☆☆

工程文件：第 4 章 \ 书法字动画制作

图 4.29

知识点

【字符位移】属性

视频文件

操作步骤

1 执行菜单栏中的【合成】|【新建合成】命令，打开【合成设置】对话框，设置【合成名称】为"书法字"，【宽度】为720，【高度】为405，【帧速率】为25，并设置【持续时间】为0:00:05:00，如图4.30所示。

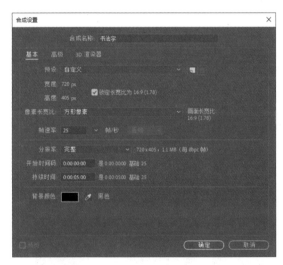

图 4.30

2 执行菜单栏中的【文件】|【导入】|【文件】命令，打开【导入文件】对话框，选择"水墨背景.jpg"素材。导入素材，如图4.31所示。

3 在【项目】面板中选择【水墨背景.jpg】素材，将其拖动到【书法字】合成的时间轴面板中。

4 选择工具栏中的【直排文字工具】，在图像中输入文字（字体为华文行楷），如图4.32所示。

图 4.31

图 4.32

5 将时间调整到0:00:00:00的位置，展开文字层，单击【文本】右侧的动画:按钮，从下拉列表中选择【字符位移】选项，设置【字符位移】的值为20。

6 单击【动画制作工具1】右侧的添加:按钮，从下拉列表中选择【属性】|【不透明度】选项，设置【不透明度】的值为0%。展开【范围选择器1】选项，设置【起始】的值为0%，单击【起始】左侧的码表按钮，在当前位置设置关键帧，如图4.33所示。

图 4.33　　　　　　　　　　　　　　　　图 4.34

⑦ 将时间调整到 0:00:04:24 的位置，设置【起始】的值为 100%，系统将自动添加关键帧，如图 4.34 所示。

⑧ 这样就完成了最终整体效果的制作，按小键盘上的 0 键即可在合成窗口中预览动画。

4.5　复古星光字动画制作

 实例解析

本例主要讲解复古星光字动画制作。在制作过程中，我们将为输入的文字添加效果控件，然后更改图层模式即可完成整个动画效果的制作。最终效果如图 4.35 所示。

难易程度：★★☆☆☆

工程文件：第 4 章 \ 复古星光字动画制作

图 4.35

 知识点

【四色渐变】特效

【CC Ball Action（CC 滚珠操作）】特效

【Starglow（星光）】特效

视频文件

操作步骤

1 执行菜单栏中的【合成】|【新建合成】命令，打开【合成设置】对话框，设置【合成名称】为"复古星光"，【宽度】为 720，【高度】为 405，【帧速率】为 25，并设置【持续时间】为 0:00:05:00，如图 4.36 所示。

图 4.36

2 执行菜单栏中的【文件】|【导入】|【文件】命令，打开【导入文件】对话框，选择"背景.jpg"素材。导入素材，如图 4.37 所示。

图 4.37

3 选择工具栏中的【横排文字工具】 T，在图像中输入文字（字体为华文琥珀），如图 4.38 所示。

4 选中【迪斯科舞会】图层，先在【效果和预设】面板中展开【生成】特效组，然后双击【四

色渐变】特效。

图 4.38

5 在【效果控件】面板中，设置【点 1】的值为（160.0，230.0），【点 2】的值为（550.0，250.0），将【颜色 2】更改为白色，设置【点 3】的值为（160.0，350.0），【点 4】的值为（550.0，360.0），【颜色 4】为红色（R：255，G：0，B：84），如图 4.39 所示。

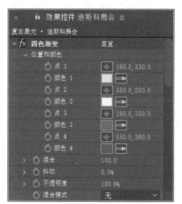

图 4.39

6 选中【迪斯科舞会】图层，先在【效果和预设】面板中展开【风格化】特效组，然后双击【发光】特效。

7 在【效果控件】面板中，将【发光强度】更改为 5.0，设置【发光操作】为【正常】，【颜色 A】为白色，【颜色 B】为黄绿色（R：222，G：255，B：0），如图 4.40 所示。

图 4.40

8 选中【迪斯科舞会】图层，先在【效果和预设】面板中展开【模拟】特效组，然后双击【CC Ball Action（CC 滚珠操作）】特效。

9 在【效果控件】面板中，设置【Grid Spacing（网格间距）】的值为 1，【Ball Size（球大小）】的值为 70.0，将时间调整到 0:00:00:00 的位置，设置【Scatter（分散）】的值为 200.0，【Twist Angle（扭曲角度）】的值为（1x+300.0°），分别单击【Scatter（分散）】和【Twist Angle（扭曲角度）】左侧的码表 按钮，在当前位置添加关键帧，如图 4.41 所示。

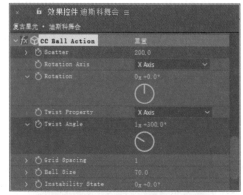

图 4.41

10 将时间调整到 0:00:03:00 的位置，设置【Scatter（分散）】的值为 0.0，【Twist Angle（扭曲角度）】的值为（0x+0.0°），系统会自动添加关键帧，如图 4.42 所示。

图 4.42

11 选中【迪斯科舞会】图层，先在【效果和预设】面板中展开【风格化】特效组，然后双击【发光】特效。

12 在【效果控件】面板中，将【发光强度】更改为 5.0，如图 4.43 所示。

图 4.43

13 选中【啤酒节】图层，先在【效果和预设】面板中展开 RG Trapcode 特效组，然后双击【Starglow（星光）】特效。

14 在【效果控件】面板中，将【Input Channel（输入）】更改为 Alpha。

15 展开【Pre-Process（预处理）】，将【Threshold（阈值）】更改为 300.0，将【Threshold Soft（阈值软化）】更改为 100.0，如图 4.44 所示。

图 4.44

16 将【Streak Length（条纹长度）】更改

为 20.0，将【Boost Light（光线亮度）】更改为 1.0，将【Transfer Mode（转换模式）】更改为【Add（相加）】，如图 4.45 所示。

图 4.45

17 选中【迪斯科舞会】图层，将其图层【模式】更改为【变亮】，如图 4.46 所示。

图 4.46

18 这样就完成了最终整体效果的制作，按小键盘上的 0 键即可在合成窗口中预览动画。

4.6 科幻掉落字动画制作

 实例解析

本例主要讲解科幻掉落字动画制作。该制作主要使用粒子运动场，并添加发光及残影效果。整个字体掉落动画非常漂亮。最终效果如图 4.47 所示。

难易程度：★★☆☆☆

工程文件：第 4 章 \ 科幻掉落字动画制作

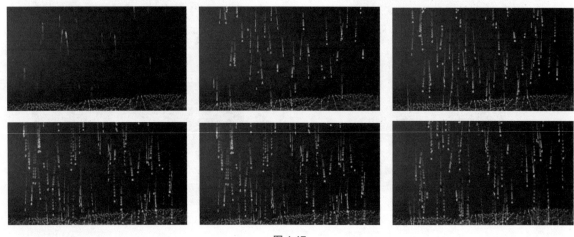

图 4.47

 知识点

【粒子运动场】特效

【发光】特效

【残影】特效

视频文件

 **操作步骤**

1 执行菜单栏中的【合成】|【新建合成】命令，打开【合成设置】对话框，设置【合成名称】为"掉落字"，【宽度】为 720，【高度】为 405，【帧速率】为 25，并设置【持续时间】为 0:00:05:00，如图 4.48 所示。

2 执行菜单栏中的【文件】|【导入】|【文件】命令，打开【导入文件】对话框，选择"科幻背景 .jpg"素材。导入素材，如图 4.49 所示。

3 在【项目】面板中选择【科幻背景 .jpg】素材，将其拖动到【掉落字】合成的时间轴面板中。

图 4.48

图 4.49

图 4.50

4 执行菜单栏中的【图层】|【新建】|【纯色】命令，在弹出的对话框中将【名称】更改为"文字"，将【颜色】更改为黑色，完成之后单击【确定】按钮。

5 选中【文字】图层，先在【效果和预设】面板中展开【模拟】特效组，然后双击【粒子运动场】特效。

6 在【效果控件】面板中，修改【粒子运动场】特效的参数，展开【发射】选项组，设置【位置】的值为（360.0，10.0），【圆筒半径】的值为300.00，【每秒粒子数】的值为70.00，【方向】的值为（0x+180.0°），【随机扩散方向】的值为20.00，【颜色】为浅蓝色（R：176，G：241，B：255），【字体大小】的值为13.00，如图4.50所示。

7 单击【粒子运动场】名称右侧的【选项】文字，打开【粒子运动场】对话框，单击【编辑发射文字】按钮，打开【编辑发射文字】对话框，在对话框的文字输入区输入任意数字与字母，单击两次【确定】按钮，完成文字编辑。编辑文字及效果如图4.51所示。

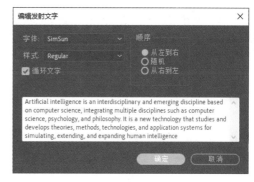

图 4.51

8 在【效果和预设】面板中展开【风格化】特效组，然后双击【发光】特效。

9 在【效果控件】面板中设置【发光阈值】的值为50.0%，【发光半径】的值为200.0，【发光强度】的值为2.0，如图4.52所示。

10 在【效果和预设】面板中展开【时间】特效组，然后双击【残影】特效。

11 在【效果控件】面板中设置【残影时间】的值为−0.050，【残影数量】的值为10，【衰减】的值为0.80，如图4.53所示。

图 4.53

图 4.52

12 这样就完成了最终整体效果的制作，按小键盘上的 0 键即可在合成窗口中预览动画。

4.7 碰撞文字动画制作

 实例解析

本例主要讲解碰撞文字动画制作。该制作过程比较简单，利用【CC Scatterize（CC 散射）】效果控件即可完成整个动画效果的制作。整体视觉效果非常出色，最终效果如图 4.54 所示。

难易程度：★★☆☆☆

工程文件：第 4 章\碰撞文字动画制作

图 4.54

知识点

【CC Scatterize（CC 散射）】特效

视频文件

操作步骤

1 执行菜单栏中的【合成】|【新建合成】命令，打开【合成设置】对话框，设置【合成名称】为"背景"，【宽度】为720，【高度】为405，【帧速率】为25，并设置【持续时间】为0:00:03:00，如图4.55所示。

特效。

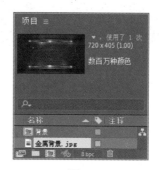

图 4.56

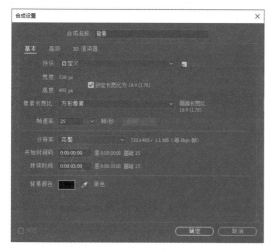

图 4.55

2 执行菜单栏中的【文件】|【导入】|【文件】命令，打开【导入文件】对话框，选择"金属背景.jpg"素材。导入素材，如图4.56所示。

3 在【项目】面板中选择【背景】素材，将其拖动到【背景】合成的时间轴面板中。

4 执行菜单栏中的【图层】|【新建】|【文本】命令，输入文字，如图4.57所示。

5 选中【文字】图层，先在【效果和预设】面板中展开【生成】特效组，然后双击【梯度渐变】

图 4.57

6 在【效果控件】面板中，将【渐变起点】更改为（360.0，175.0），将【起始颜色】更改为橙色（R：255，G：126，B：0），将【渐变终点】更改为（360.0，230.0），将【结束颜色】更改为黄色（R：234，G：255，B：0），如图4.58所示。

7 选中【文字】图层，按Ctrl+D组合键复制一个图层并更改名称为【文字2】。

8 选中【文字】图层，先在【效果和预设】面板中展开【模拟】特效组，然后双击【CC Scatterize（CC 散射）】特效。

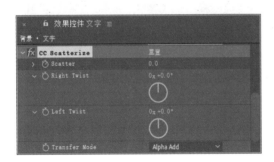

图 4.58

图 4.60

9 在【效果控件】面板中，从【Transfer Mode（转换模式）】下拉列表中选择【Alpha Add（通道相加）】选项，将【Scatter（扩散）】更改为0.0，再将时间调整到0:00:01:01的位置，单击【Scatter（扩散）】左侧的码表■按钮，在当前位置设置关键帧，如图4.59所示。

13 将时间调整到0:00:01:11的位置，单击【不透明度】左侧的【在当前时间添加或移除关键帧】■图标，在当前位置添加延时帧。

14 将时间调整到0:00:01:18的位置，设置【不透明度】的值为0%，如图4.61所示。

图 4.59

图 4.61

10 将时间调整到0:00:02:01的位置，将【Scatter（扩散）】更改为167.0，系统会自动添加关键帧，如图4.60所示。

11 选中【文字】图层，将时间调整到0:00:01:00的位置，按T键打开【不透明度】属性，设置【不透明度】的值为0%，单击【不透明度】左侧的码表■按钮，在当前位置设置关键帧。

12 将时间调整到0:00:01:01的位置，设置【不透明度】的值为100%。

15 选中【文字2】图层，将时间调整到0:00:00:00的位置，打开【缩放】属性，将【缩放】的值更改为（80000.0，80000.0%），单击【缩放】左侧的码表■按钮，在当前位置设置关键帧。

16 将时间调整到0:00:01:01的位置，设置【缩放】的值为（100.0，100.0%），系统会自动添加关键帧，如图4.62所示。

图 4.62

17 这样就完成了碰撞动画的整体制作，按小键盘上的0键即可在合成窗口中预览动画。

4.8 时尚过渡字动画制作

实例解析

本例主要讲解时尚过渡字动画制作。在制作过程中先分别为不同文字制作动画，然后将多个文字图层相结合，最终效果如图 4.63 所示。

难易程度：★★☆☆☆

工程文件：第 4 章 \ 时尚过渡字动画制作

图 4.63

知识点

蒙版路径

【发光】特效

视频文件

操作步骤

4.8.1 制作过渡文字动画

1 执行菜单栏中的【合成】|【新建合成】命令，打开【合成设置】对话框，设置【合成名称】为"文字动画"，【宽度】为 720，【高度】为 405，【帧速率】为 25，并设置【持续时间】为0:00:10:00，【背景颜色】为黑色，完成之后单击【确定】按钮，如图 4.64 所示。

2 执行菜单栏中的【文件】|【导入】|【文件】命令，打开【导入文件】对话框，选择"背景 .jpg"素材。导入素材，如图 4.65 所示。

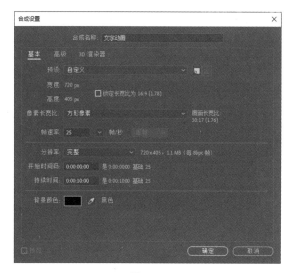

图 4.64

图 4.65

③ 选择工具栏中的【横排文字工具】T，在图像中输入文字（字体为Calibri），如图 4.66 所示。

图 4.66

④ 选中工具栏中的【矩形工具】■，选中【上】图层，在图像中文字底部位置绘制一个矩形蒙版，将文字隐藏，如图 4.67 所示。

图 4.67

⑤ 将时间调整到 0:00:00:00 的位置，选中【上】图层，将其展开，单击【蒙版】|【蒙版 1】|

【蒙版路径】左侧的码表◎按钮，在当前位置添加关键帧，将时间调整到 0:00:03:00 的位置，同时选中左下角及右下角蒙版路径锚点向上方拖动，系统将自动添加关键帧，如图 4.68 所示。

图 4.68

⑥ 以同样的方法分别为【中】及【下】图层制作蒙版路径动画，如图 4.69 所示。

⑦ 将时间调整到 0:00:03:00 的位置，分别选中【上】【中】【下】图层，在图像中将其适当移动，使文字适当重合，如图 4.70 所示。

图 4.69

图 4.69（续）

图 4.70

8 同时选中【上】【中】【下】3 个图层，将时间调整到 0:00:00:00 的位置，打开【位置】关键帧，单击【位置】左侧码表 按钮，在当前位置添加关键帧。

9 将时间调整到 0:00:03:00 的位置，选中【上】图层，将其向上方稍微拖动，选中【中】图层，将其向下稍微拖动，选中【下】图层，将其向下稍微拖动，系统将自动添加关键帧，如图 4.71 所示。

图 4.71

图 4.71（续）

4.8.2 添加背景装饰

1 执行菜单栏中的【合成】|【新建合成】命令，打开【合成设置】对话框，设置【合成名称】为"时尚背景"，【宽度】为 720，【高度】为 405，【帧速率】为 25，并设置【持续时间】为 0:00:05:00，【背景颜色】为黑色，完成之后单击【确定】按钮，如图 4.72 所示。

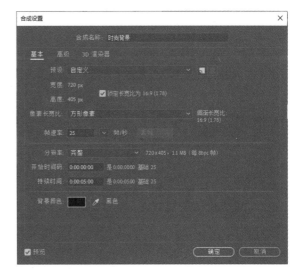

图 4.72

2 在【项目】面板中，选中【文字动画】合成及【背景 .jpg】素材图像，将其拖至当前时间轴面板中，在图像中适当移动文字位置，如图 4.73 所示。

3 选中【文字动画】图层，先在【效果和预设】面板中展开【风格化】特效组，然后双击【发光】特效。

图 4.73

图 4.74

④ 在【效果控件】面板中，将【发光半径】更改为 10.0，将【发光强度】更改为 2.0，将【发光操作】更改为【正常】，如图 4.74 所示。

⑤ 这样就完成了最终整体效果的制作，按小键盘上的 0 键即可在合成窗口中预览动画。

4.9 课后上机实操

　　文字是一个动画的灵魂，一段动画中有了文字的出现才能使动画的主题更为突出。所以对文字进行编辑、为文字添加特效是整体动画的点睛之笔。本章通过两个课后上机实操，帮助读者朋友更好地学习文字动画的制作技巧。

4.9.1 上机实操 1——被风吹走的文字

　　实例解析

本例主要利用【缩放】属性制作炫丽光效文字效果。完成的动画流程画面如图 4.75 所示。

难易程度：★★☆☆☆

工程文件：第 4 章 \ 被风吹走的文字

 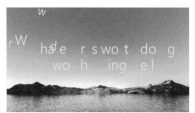 

图 4.75

 知识点

【模糊】属性

【不透明度】属性

【缩放】属性

视频文件

4.9.2 上机实操 2——光效闪字

 实例解析

本例是光效闪字动画的制作，通过【镜头光晕】特效产生光效效果，从而制作出光效闪字的效果。完成的动画流程画面如图 4.76 所示。

难易程度：★★★☆☆

工程文件：第 4 章 \ 光效闪字

图 4.76

 知识点

【模糊】命令

【镜头光晕】特效

【色相 / 饱和度】特效

视频文件

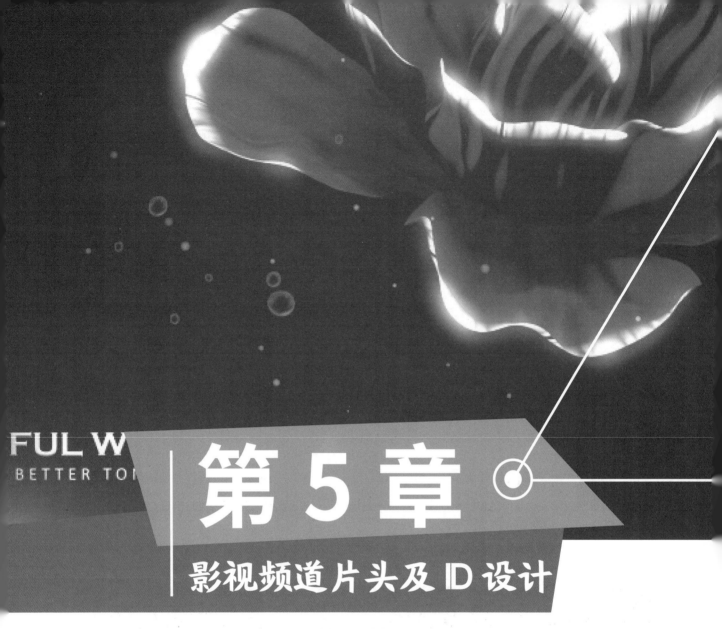

FUL W

BETTER TO

第 5 章

影视频道片头及ID设计

内容摘要

本章主要讲解影视频道片头及 ID 设计制作。电视和电影的片头是 After Effects 动画制作中非常重要的组成部分，片头动画的表现力对于电视电影的收视率有着非常重要的影响。本章列举了梦幻花朵开场制作及新闻节目片尾动画制作等大型实例，综合讲解了影视频道片头及 ID 设计的制作技法及相关知识。通过对这些实例的学习，读者可以掌握影视频道片头及 ID 设计的制作。

教学目标

◉ 掌握电视电影片头制作技巧　　◉ 学习新闻节目片尾动画制作

◉ 掌握星光开场动画的制作　　　◉ 掌握卡通水下世界动画的制作

实例解析

本例主要讲解新闻节目片尾动画制作。该动画效果的制作过程比较简单，以漂亮的城市图片作为背景，添加滚动字幕即可完成整个片尾动画的制作。最终效果如图 5.1 所示。

难易程度：★★★☆☆

工程文件：第 5 章 \ 新闻节目片尾动画制作

图 5.1

 知识点

【高斯模糊】特效

【曲线】特效

【斜面 Alpha】特效

【CC Light Wipe（CC 光线擦除）】特效

视频文件

▶ **操作步骤**

5.1.1　打造场景动画

❶ 执行菜单栏中的【合成】|【新建合成】命令，打开【合成设置】对话框，设置【合成名称】为"场景"，【宽度】为 720，【高度】为 405，【帧速率】为 25，并设置【持续时间】为 0:00:05:00，【背景颜色】为黑色，完成之后单击【确定】按钮，如图 5.2 所示。

❷ 执行菜单栏中的【文件】|【导入】|【文件】命令，打开【导入文件】对话框，选择"图片.jpg""图片 2.jpg"素材。导入素材，如图 5.3 所示。

图 5.2

图 5.3

3 在【项目】面板中选中【图片.jpg】，将其拖至当前时间轴面板中，选中【图片.jpg】图层，按 Ctrl+D 组合键复制一个【图片 2】新图层，如图 5.4 所示。

图 5.4

4 选中【图片.jpg】图层，先在【效果和预设】面板中展开【模糊和锐化】特效组，然后双击【高斯模糊】特效。

5 在【效果控件】面板中，将【模糊度】

更改为 7.0，如图 5.5 所示。

图 5.5

6 在【效果和预设】面板中展开【颜色校正】特效组，然后双击【曲线】特效。

7 在【效果控件】面板中，拖动曲线，降低图像亮度，如图 5.6 所示。

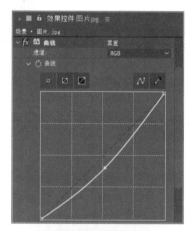

图 5.6

8 选择工具栏中的【矩形工具】█，选中【图片 2】图层，在图像中绘制一个矩形蒙版，将部分图像隐藏，如图 5.7 所示。

图 5.7

提示 绘制矩形蒙版之后，可执行菜单栏中的【窗口】|【对齐】命令，打开【对齐】面板，将图层分别水平与垂直对齐到【合成】，如图 5.8 所示。

图 5.8

9 在【效果和预设】面板中展开【透视】特效组，然后双击【斜面 Alpha】特效。

10 在【效果控件】面板中，将【边缘厚度】更改为 1.00，将【灯光强度】更改为 0.50，如图 5.9所示。

图 5.9

11 同时选中【图片 2】及【图片.jpg】图层，将时间调整到 0:00:00:00 的位置，打开【缩放】关键帧，单击【缩放】左侧码表◯按钮，在当前位置添加关键帧，并将其数值更改为（90.0，90.0%）。

12 将时间调整到 0:00:04:24 的位置，将【缩放】更改为（100.0，100.0%），系统将自动添加关键帧，制作缩小动画效果，如图 5.10 所示。

图 5.10

5.1.2 打造场景 2 动画

1 执行菜单栏中的【合成】|【新建合成】命令，打开【合成设置】对话框，设置【合成名称】为"场景 2"，【宽度】为 720，【高度】为 405，【帧速率】为 25，并设置【持续时间】为 0:00:05:00，【背景颜色】为黑色，完成之后单击【确定】按钮，如图 5.11 所示。

图 5.11

② 在【项目】面板中选中【图片 2.jpg】，将其拖至当前时间轴面板中，并将其移至靠右侧位置，如图 5.12 所示。

图 5.12

③ 选中【图片 2】图层，按 Ctrl+D 组合键复制一个【图片 2 副本】新图层，并将【图片 2 副本】图层暂时隐藏，如图 5.13 所示。

图 5.13

④ 选中【图片 2.jpg】图层，先在【效果和预设】面板中展开【模糊和锐化】特效组，然后双击【高斯模糊】特效。

⑤ 在【效果控件】面板中将【模糊度】更改为 7.0，如图 5.14 所示。

图 5.14

⑥ 选中【图片 2.jpg】图层，先在【效果和预设】面板中展开【颜色校正】特效组，然后双击【曲线】特效。

⑦ 在【效果控件】面板中拖动曲线，降低图像亮度，如图 5.15 所示。

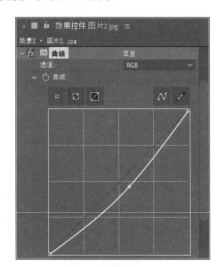

图 5.15

⑧ 选中【图片 2 副本】图层，将其显示出来，选择工具栏中的【矩形工具】，在图像中绘制一个矩形蒙版，将部分图像隐藏，如图 5.16 所示。

图 5.16

（9）选中【图片 2 副本】图层，先在【效果和预设】面板中展开【透视】特效组，然后双击【斜面 Alpha】特效。

（10）在【效果控件】面板中将【边缘厚度】更改为 1.00，将【灯光强度】更改为 0.50，如图 5.17 所示。

图 5.17

（11）选中【图片 2.jpg】图层，将时间调整到 0:00:00:00 的位置，打开【位置】关键帧，单击【位置】左侧码表按钮，在当前位置添加关键帧。

（12）将时间调整到 0:00:04:24 的位置，将图像向左侧拖动，系统将自动添加关键帧，制作位置动画，如图 5.18 所示。

图 5.18

5.1.3　完成总合成动画制作

（1）执行菜单栏中的【合成】|【新建合成】命令，打开【合成设置】对话框，设置【合成名称】为“总合成”，【宽度】为 720，【高度】为 405，【帧速率】为 25，并设置【持续时间】为 0:00:09:00，【背景颜色】为黑色，完成之后单击【确定】按钮，如图 5.19 所示。

图 5.19

（2）在【项目】面板中，同时选中【场景】及【场景 2】合成，将其拖至当前时间轴面板中，并将【场景】图层移至上方，将时间调整到 0:00:04:00 的位置，按 [键设置【场景 2】动画入点，如图 5.20 所示。

图 5.20

（3）选中【场景】图层，先在【效果和预设】面板中展开【过渡】特效组，然后双击【CC Light Wipe（CC 光线擦除）】特效。

4 在【效果控件】面板中，将【Completion（完成）】更改为 0.0%，将时间调整到 0:00:04:00 的位置，单击【Completion（完成）】左侧码表 按钮，在当前位置添加关键帧，将【Intensity（强度）】更改为 60.0，将【Shape（形状）】更改为【Doors（门）】，将【Direction（方向）】更改为（0x+50.0°），如图 5.21 所示。

图 5.21

5 将时间调整到 0:00:05:00 的位置，将【Completion（完成）】更改为 100.0%，系统将自动添加关键帧，如图 5.22 所示。

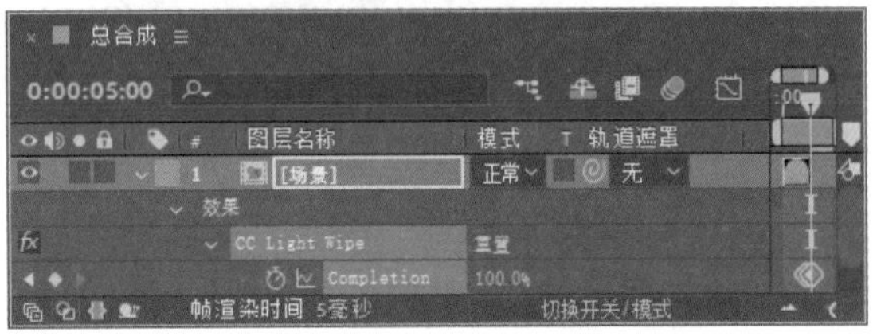

图 5.22

6 选择工具栏中的【钢笔工具】，在图像中绘制一个不规则图形，设置图形【填充】为白色，【描边】为无，将生成一个【形状图层】图层，如图 5.23 所示。

7 选中【形状图层 1】图层，先在【效果和预设】面板中展开【生成】特效组，然后双击【四色渐变】特效。

8 在【效果控件】面板中，将【颜色 1】更改为蓝色（R：0，G：168，B：255），将【颜色 2】更改为蓝色（R：132，G：219，B：255），将【颜

色 3】更改为白色，将【颜色 4】更改为蓝色（R：0，G：150，B：255），分别在图像中调整 4 个点的位置，如图 5.24 所示。

图 5.23

图 5.24

9 选中【形状图层 1】图层，将时间调整到 0:00:00:00 的位置，打开【位置】关键帧，单击【位置】左侧码表 按钮，在当前位置添加关键帧。

10 将时间调整到 0:00:08:24 的位置，将图形向左侧拖动，系统将自动添加关键帧，制作出位置动画，如图 5.25 所示。

图 5.25

5.1.4 制作文字动画

1 执行菜单栏中的【合成】|【新建合成】命令，打开【合成设置】对话框，设置【合成名称】为"文字动画"，【宽度】为 1000，【高度】为 405，【帧速率】为 25，并设置【持续时间】为 0:00:09:00，【背景颜色】为黑色，完成之后单击【确定】按钮，如图 5.26 所示。

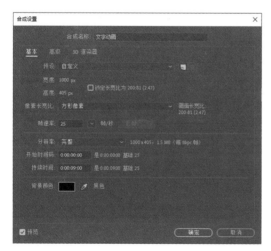

图 5.26

2 选择工具栏中的【横排文字工具】T，在图像底部输入文字（字体为方正姚体），如图 5.27 所示。

图 5.27

3 在【项目】面板中，选中【文字动画】合成，将其拖至当前时间轴面板中，在图像中将其移至靠右侧位置，如图 5.28 所示。

图 5.28

4 选中【文字动画】图层，将时间调整到 0:00:00:00 的位置，打开【位置】关键帧，单击【位置】左侧码表 按钮，在当前位置添加关键帧。

5 将时间调整到 0:00:08:24 的位置，将文字向左侧平移拖动，系统将自动添加关键帧，制作出位置动画，如图 5.29 所示。

图 5.29

6 选中【文字动画】图层，先在【效果和预设】面板中展开【透视】特效组，然后双击【投影】特效。

7 在【效果控件】面板中，将【距离】更改为 2.0，将【柔和度】更改为 2.0，如图 5.30 所示。

图 5.30

8 执行菜单栏中的【图层】|【新建】|【纯色】命令，在弹出的对话框中将【名称】更改为"高光"，将【颜色】更改为黑色，完成之后单击【确定】按钮。

9 在【效果和预设】面板中展开【生成】特效组，然后双击【镜头光晕】特效。

10 在【效果控件】面板中，将【光晕中心】更改为（0.0，-40.0），将【光晕亮度】更改为120%，将时间调整到0:00:00:00的位置，单击【光晕中心】左侧码表 按钮，在当前位置添加关键帧，将【镜头类型】更改为【105毫米定焦】，如图5.31所示。

图 5.31

11 将时间调整到0:00:08:24的位置，将【光晕中心】更改为（750.0，-40.0），系统将自动添加关键帧，如图5.32所示。

图 5.32

12 在【效果和预设】面板中展开【模糊和锐化】特效组，然后双击【高斯模糊】特效。

13 在【效果控件】面板中，将【模糊度】更改为10.0，选中【重复边缘像素】复选框，如图5.33所示。

图 5.33

14 在【效果和预设】面板中展开【颜色校正】特效组，然后双击【曲线】特效。

15 在【效果控件】面板中拖动曲线，增加图像中的蓝色，减少红色，如图5.34所示。

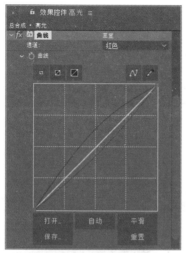

图 5.34

16　选中【高光】图层，将其图层【模式】更改为【屏幕】，如图 5.35 所示。

图 5.35

17　这样就完成了最终整体效果的制作，按小键盘上的 0 键即可在合成窗口中预览动画。

5.2　梦幻花朵开场制作

 实例解析

本例主要讲解梦幻花朵的开场制作。在设计过程中，我们以漂亮的花朵图像作为主视觉，通过添加光效增强动画的炫酷视觉效果，再添加文字信息即可完成整个开场动画的制作。最终效果如图 5.36 所示。

难易程度：★★★★☆

工程文件：第 5 章 \ 梦幻花朵开场制作

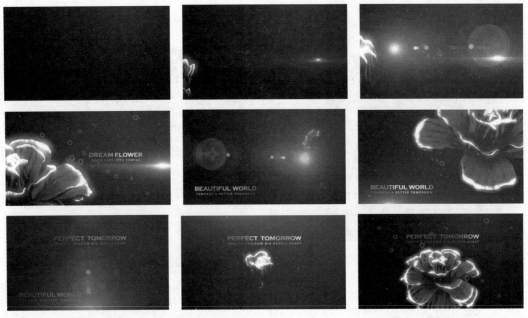

图 5.36

 知识点

【梯度渐变】特效
【CC Particle World（CC 粒子世界）】特效
【泡沫】特效
【发光】特效
预合成的应用
【斜面 Alpha】特效

视频文件

 操作步骤

5.2.1 制作星光泡泡背景

1 执行菜单栏中的【合成】|【新建合成】命令，打开【合成设置】对话框，设置【合成名称】为"花朵动画"，【宽度】为 720，【高度】为 405，【帧速率】为 25，并设置【持续时间】为

0:00:10:00，【背景颜色】为黑色，完成之后单击【确定】按钮，如图 5.37 所示。

2 执行菜单栏中的【文件】|【导入】|【文件】命令，打开【导入文件】对话框，选择"梦幻花朵开场制作"下的"花朵 .mov""花朵 2.mov""花朵 3.mov""炫光 .mov""炫光 2.mov""炫光 3.mov""炫光 4.mov""炫光 5.mov""炫光 6.mov"素材。导入素材，如图 5.38 所示。

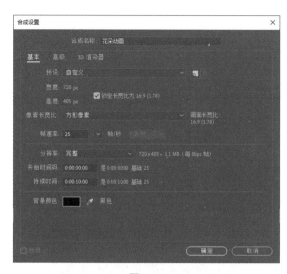

图 5.37

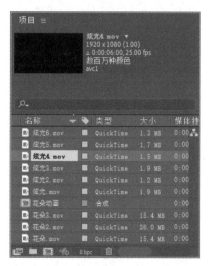

图 5.38

3 执行菜单栏中的【图层】|【新建】|【纯色】命令，在弹出的对话框中将【名称】更改为"背景"，将【颜色】更改为黑色，完成之后单击【确定】按钮，如图 5.39 所示。

图 5.39

4 选中【背景】图层，先在【效果和预设】面板中展开【生成】特效组，然后双击【梯度渐变】特效。

5 在【效果控件】面板中，将【渐变起点】更改为（520.0，0.0），将【起始颜色】更改为紫色（R：73，G：25，B：78），将【渐变终点】更改为（0.0，405.0），将【结束颜色】更改为黑色，如图 5.40 所示。

图 5.40

6 执行菜单栏中的【图层】|【新建】|【纯色】命令，在弹出的对话框中将【名称】更改为"粒子"，将【颜色】更改为黑色，完成之后单击【确定】按钮。

7 选中【粒子】图层，先在【效果和预设】面板中展开【模拟】特效组，然后双击【CC Particle World（CC 粒子世界）】特效。

8 在【效果控件】面板中，将【Birth Rate（出生率）】更改为 0.2，将【Longevity（sec）（寿命）】更改为 3.00，如图 5.41 所示。

9 展开【Producer（发生器）】选项组，将【Radius X（X 轴半径）】更改为 0.700，将【Radius Y（Y 轴半径）】更改为 0.300，将【Radius Z（Z

轴半径）】更改为 0.025，如图 5.42 所示。

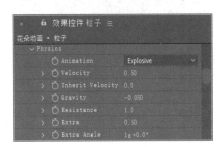

图 5.41

图 5.42

图 5.44

10 展开【Physics（物理学）】选项组，将【Velocity（速度）】更改为 0.50，将【Gravity（重力）】更改为 -0.050，如图 5.43 所示。

图 5.43

11 展开【Particle（粒子）】选项组，将【Particle Type（粒子类型）】更改为【Shaded Sphere（阴影球）】，将【Birth Size（出生大小）】更改为 0.050，将【Death Size（消逝大小）】更改为 0.150，将【Birth Color（出生颜色）】更改为黄色（R：255，G：212，B：80），将【Death Color（消逝颜色）】更改为深紫色（R：67，G：12，B：114），如图 5.44 所示。

12 选中【粒子】图层，将其图层【模式】更改为【相加】，如图 5.45 所示。

图 5.45

13 执行菜单栏中的【图层】|【新建】|【纯色】命令，在弹出的对话框中将【名称】更改为"泡沫"，将【颜色】更改为黑色，完成之后单击【确定】按钮。

14 选中【泡沫】图层，先在【效果和预设】面板中展开【模拟】特效组，然后双击【泡沫】特效。

15 在【效果控件】面板中，将【视图】更改为【已渲染】，将【产生 X 大小】更改为 0.200，将【产生 Y 大小】更改为 0.020，将【产生速率】更改为 0.200，如图 5.46 所示。

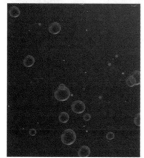

图 5.46

16 展开【气泡】选项组，将【大小】更改为 0.200，将【大小差异】更改为 0.500，将【寿命】更改为 100.000，如图 5.47 所示。

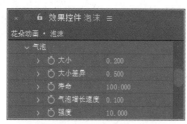

图 5.47

17 展开【物理学】选项组，将【初始速度】更改为 0.000，将【缩放】更改为 1.500，如图 5.48 所示。

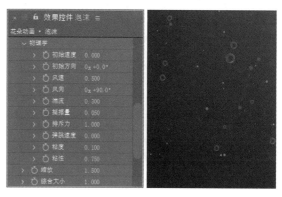

图 5.48

18 选中【泡沫】图层，将其图层【模式】更改为【相加】，如图 5.49 所示。

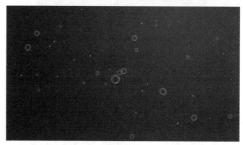

图 5.49

5.2.2 处理花朵动画素材

1 在【项目】面板中选中【花朵.mov】素材，将其拖至当前时间轴面板中，将其图层【模式】更改为【相加】，同时在合成窗口中将其移至背景左下角位置并适当缩小，如图 5.50 所示。

图 5.50

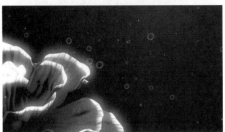

图 5.52

2 选中【花朵.mov】图层，先在【效果和预设】面板中展开【颜色校正】特效组，然后双击【色相 / 饱和度】特效。

3 在【效果控件】面板中，将【主色相】更改为（0x+50.0°），如图 5.51 所示。

图 5.51

4 选中【花朵.mov】图层，在【效果和预设】面板中展开【风格化】特效组，然后双击【发光】特效。

5 在【发光】效果控件面板中，将【发光阈值】更改为 75.0%，将【发光半径】更改为 40.0，将【发光强度】更改为 3.0，如图 5.52 所示。

5.2.3 打造文字动画

1 选择工具栏中的【横排文字工具】T，在图像中输入文字（字体为 Copperplate Gothic Bold、Calibri），如图 5.53 所示。

图 5.53

2 同时选中两个文字图层并右击，在弹出的快捷菜单中选择【预合成】命令，在打开的对话框中将【新合成名称】更改为"文字"，完成之后单击【确定】按钮，如图 5.54 所示。

3 选中【文字】图层，将时间调整到 0:00:01:00 的位置，打开【缩放】关键帧，单击【缩放】左侧码表按钮，在当前位置添加关键帧，并将【缩放】更改为（80.0，80.0），打开【不透明度】关键帧，单击【不透明度】左侧码表按钮，在当前位置添加关键帧，并将【不透明度】更改为 0%。

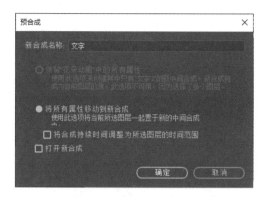

图 5.54

4　将时间调整到 0:00:05:00 的位置，将【缩放】更改为（100.0，100.0%），将【不透明度】更改为 100%，系统将自动添加关键帧，制作缩放动画效果，如图 5.55 所示。

图 5.55

5　选中【文字】图层，先在【效果和预设】面板中展开【生成】特效组，然后双击【梯度渐变】特效。

6　在【效果控件】面板中，将【渐变起点】更改为（530.0，188.0），将【起始颜色】更改为白色，将【渐变终点】更改为（630.0，188.0），将【结束颜色】更改为紫色（R：168，G：61，B：109），如图 5.56 所示。

7　选中【文字】图层，先在【效果和预设】面板中展开【生成】特效组，然后双击【CC Light Sweep（CC 扫光）】特效。

8　在【效果控件】面板中，将时间调整到 0:00:03:00 的位置，将【Center（中心）】更改为（340.0，150.0），将【Sweep Intensity（扫光强度）】

更改为 100.0，如图 5.57 所示。

图 5.56

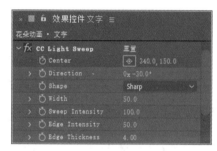

图 5.57

9　将时间调整到 0:00:04:00 的位置，将【Center（中心）】更改为（698.0，150.0）；将时间调整到 0:00:05:00 的位置，将【Center（中心）】更改为（263.0，180.0），系统将自动添加关键帧，如图 5.58 所示。

图 5.58

10　选中【文字】图层，先在【效果和预设】面板中展开【透视】特效组，然后双击【斜面 Alpha】特效。

11 在【效果控件】面板中，将【边缘厚度】更改为1.00，将【灯光角度】更改为（0x+0.0°），如图5.59所示。

图5.59

12 在图层面板中选中【文字】图层，将其图层【模式】更改为【相加】，如图5.60所示。

图5.60

5.2.4　添加炫光装饰素材

1 在【项目】面板中同时选中【炫光.mov】及【炫光2.mov】素材，将其拖至时间轴面板中，在图像中将其适当缩小。

2 同时选中【炫光.mov】及【炫光2.mov】图层，将其图层【模式】更改为【相加】，如图5.61所示。

3 将时间调整到0:00:01:00的位置，选中【炫光2.mov】图层，按 [键设置当前图层动画入点，如图5.62所示。

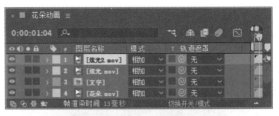

图5.61

图5.62

5.2.5　制作花朵动画2

1 在【项目】面板中选中【花朵动画】合成，按Ctrl+D组合键复制一个【花朵动画2】合成，选中【文字】合成，按Ctrl+D组合键复制一个【文字2】合成，如图5.63所示。

图5.63

② 双击【花朵动画 2】图层将其打开,同时选中【炫光.mov】【炫光 2.mov】【花朵.mov】素材,将其删除。

③ 在【项目】面板中,同时选中【炫光 3.mov】【炫光 4.mov】【花朵 2.mov】图层,将其添加至时间轴面板中,并将其图层【模式】更改为【相加】,在图像中将其适当缩小,如图 5.64 所示。

图 5.64

④ 在【项目】面板中双击【花朵动画】合成,在其时间轴面板中选中【花朵.mov】素材,在【效果控件】面板中同时选中【色相 / 饱和度】及【发光】效果,按 Ctrl+C 组合键将其复制。

⑤ 在【花朵动画 2】时间轴面板中,选中【花朵 2.mov】图层,在【效果控件】面板中按 Ctrl+V 组合键将其粘贴,如图 5.65 所示。

图 5.65

⑥ 打开【花朵动画 2】时间轴面板,选中【文字】图层将其删除,在【项目】面板中选中【文字 2】合成,将其拖至当前时间轴面板中,如图 5.66 所示。

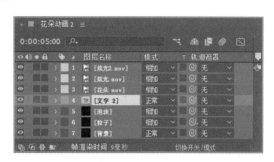

图 5.66

⑦ 双击【文字 2】合成,更改其文字信息,如图 5.67 所示。

图 5.67

⑧ 在【花朵动画 2】时间轴面板中选中【文字】图层,在图像中将文字移至左下角位置,如图 5.68 所示。

图 5.68

⑨ 以同样的方法为当前文字图层添加【CC Light Sweep(CC 扫光)】及【斜面 Alpha】效果,如图 5.69 所示。

图 5.69

10 选中【花朵 2.mov】图层，将其出生点移至炫光位置，如图 5.70 所示。

图 5.70

5.2.6　打造花朵动画 3

1 在【项目】面板中选中【花朵动画】及【文字】合成，按 Ctrl+D 组合键复制出【花朵动画 3】及【文字 3】，如图 5.71 所示。

2 双击【花朵动画 3】合成，以前文同样的方法将其合成中的素材图像删除，并添加【花朵 3.mov】【炫光 5.mov】【炫光 6.mov】素材图像，对素材图像进行处理，同时更改其中的文字信息，如图 5.72 所示。

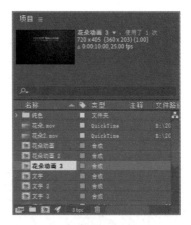

图 5.71

图 5.72

 在制作【花朵动画 3】动画时需要注意对花朵进行调色。
提示

5.2.7　完成总合成动画制作

1 执行菜单栏中的【合成】|【新建合成】命令，打开【合成设置】对话框，设置【合成名称】为"总合成"，【宽度】为 720，【高度】为 405，【帧速率】为 25，并设置【持续时间】为 0:00:20:00，【背景颜色】为黑色，完成之后单击【确定】按钮，如图 5.73 所示。

图 5.73

2 在【项目】面板中同时选中【花朵动画】
【花朵动画 2】【花朵动画 3】合成，将其拖至当
前时间轴面板中。

3 将时间调整到 0:00:06:00 的位置，选中
【花朵动画 2】图层，按 [键设置当前动画入点；
将时间调整到 0:00:12:00 的位置，选中【花朵动画 3】
图层，按 [键设置当前动画入点，如图 5.74 所示。

图 5.74

4 选中【花朵动画】图层，将时间调整到
0:00:06:00 的位置，打开【不透明度】关键帧，单击
【不透明度】左侧码表 图 按钮，在当前位置添加关
键帧。

5 将时间调整到 0:00:07:00 的位置，将【不
透明度】更改为 0%，系统将自动添加关键帧，制
作出不透明度动画，如图 5.75 所示。

6 选中【花朵动画 2】图层，将时间调整
到 0:00:06:00 的位置，打开【不透明度】关键帧，

单击【不透明度】左侧码表 图 按钮，在当前位置添
加关键帧，并将其数值更改为 0%，将时间调整到
0:00:07:00 的位置，将【不透明度】更改为 100%。

图 5.75

7 将时间调整到 0:00:12:00 的位置，单击
【在当前时间添加或移除关键帧】 图 图标，在当前
位置添加延时帧；将时间调整到 0:00:13:00 的位置，
将【不透明度】更改为 0%，系统将自动添加关键帧，
如图 5.76 所示。

图 5.76

8 选中【花朵动画 3】图层，将时间调整
到 0:00:12:00 的位置，打开【不透明度】关键帧，
单击【不透明度】左侧码表 图 按钮，在当前位置添
加关键帧，并将其数值更改为 0%；将时间调整到
0:00:13:00 的位置，将【不透明度】更改为 100%，
系统将自动添加关键帧，如图 5.77 所示。

图 5.77

9 这样就完成了最终整体效果的制作，按
小键盘上的 0 键即可在合成窗口中预览动画。

5.3 星光开场动画制作

 实例解析

本例主要讲解星光开场动画制作。在制作过程中，我们以漂亮的星光图像作为背景主视觉，通过添加粒子元素以及奖杯及金色数字制作出漂亮的星光开场动画效果。最终效果如图 5.78 所示。

难易程度：★★★★☆

工程文件：第 5 章 \ 星光开场动画制作

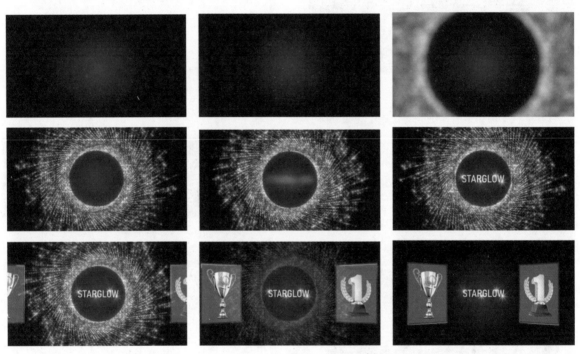

图 5.78

 知识点

【色阶】特效

【色调】特效

【CC Particle World（CC 粒子世界）】特效

【勾画】特效

摄像机的使用

【摄像机镜头模糊】特效

视频文件

 操作步骤

5.3.1 制作璀璨星光效果

1 执行菜单栏中的【合成】|【新建合成】命令，打开【合成设置】对话框，设置【合成名称】为"星光"，【宽度】为1000，【高度】为1000，【帧速率】为25，并设置【持续时间】为0:00:05:00，【背景颜色】为黑色，完成之后单击【确定】按钮，如图 5.79 所示。

图 5.79

2 执行菜单栏中的【文件】|【导入】|【文件】命令，打开【导入文件】对话框，选择"奖杯.png""金色数字.png""星芒.jpg""星光.mp4""星光 2.mp4"素材，如图 5.80 所示。

图 5.80

3 在【项目】面板中选中【星光.mp4】素材，将其拖至当前时间轴面板中，如图 5.81 所示。

图 5.81

4 选中【星光.mp4】图层，先在【效果和预设】面板中展开【颜色校正】特效组，然后双击【色阶】特效。

5 在【效果控件】面板中，将【输入白色】更改为 33000.0，将【灰度系数】更改为 1.20，将【输出白色】更改为 33000.0，如图 5.82 所示。

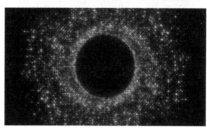

图 5.82

6 选中【星光.mp4】图层，先在【效果和预设】面板中展开【颜色校正】特效组，然后双击【色调】特效。

7 在【效果控件】面板中，将【将白色映射到】更改为紫色（R：150，G：40，B：255），如图 5.83 所示。

8 在【项目】面板中选中【星光 2.mp4】素材，将其拖至当前时间轴面板中，如图 5.84 所示。

图 5.83

图 5.86

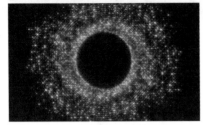

图 5.84

9 选中【星光 2.mp4】图层，先在【效果和预设】面板中展开【颜色校正】特效组，然后双击【色阶】特效。

10 在【效果控件】面板中将【输入白色】更改为 33000.0，将【灰度系数】更改为 1.20，将【输出白色】更改为 33000.0，如图 5.85 所示。

图 5.85

11 选中【星光 2.mp4】图层，将其图层【模式】更改为【相加】，如图 5.86 所示。

5.3.2 调整星光效果

1 执行菜单栏中的【图层】|【新建】|【调整图层】命令，新建一个【调整图层 1】图层。

2 选中【调整图层 1】图层，先在【效果和预设】面板中展开【模糊和锐化】特效组，然后双击【快速方框模糊】特效。

3 在【效果控件】面板中将【模糊半径】更改为 2.0，将【迭代】更改为 3，选中【重复边框像素】复选框，如图 5.87 所示。

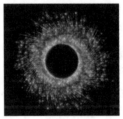

图 5.87

4 选择工具栏中的【椭圆工具】■，选中【调整图层 1】图层，按住 Shift+Ctrl 组合键在图像中间位置绘制一个正圆蒙版路径，如图 5.88 所示。

5 依次展开【调整图层 1】|【蒙版】|【蒙版 1】，将【蒙版羽化】更改为（200.0，200.0），并选中【反转】复选框，如图 5.89 所示。

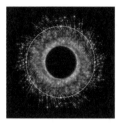 

图 5.88　　　　图 5.89

 按 F 键可快速打开【蒙版羽化】。
技巧

5.3.3　打造星光动画

1 执行菜单栏中的【合成】|【新建合成】命令，打开【合成设置】对话框，设置【合成名称】为"星光动画"，【宽度】为 720，【高度】为 405，【帧速率】为 25，并设置【持续时间】为 0:00:10:00，【背景颜色】为黑色，完成之后单击【确定】按钮，如图 5.90 所示。

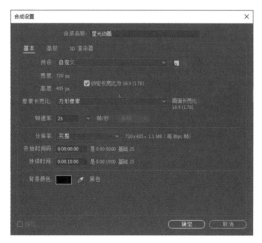

图 5.90

2 执行菜单栏中的【图层】|【新建】|【纯色】命令，在弹出的对话框中将【名称】更改为"背景"，将【颜色】更改为黑色，完成之后单击【确定】按钮。

3 选中【背景】图层，先在【效果和预设】面板中展开【生成】特效组，然后双击【梯度渐变】特效。

4 在【效果控件】面板中，将【渐变起点】更改为（360.0，205.0），将【起始颜色】更改为紫色（R：60，G：0，B：90），将【渐变终点】更改为（360，405），将【结束颜色】更改为深紫色（R：10，G：0，B：15），如图 5.91 所示。

图 5.91

5 在【项目】面板中，选中【星光】素材，将其拖至时间轴面板中，并将其图层【模式】更改为【屏幕】，执行菜单栏中的【动画】|【关键帧辅助】|【时间反向关键帧】命令，如图 5.92 所示。

6 选中【星光】图层，按 Ctrl+D 组合键复制一个【星光 2】新图层。

7 将时间调整到 0:00:04:00 的位置，选中【星光 2】图层，按 [键设置当前图层动画入点，如图 5.93 所示。

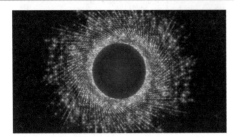

图 5.92

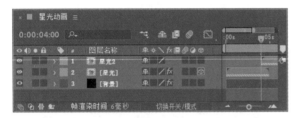

图 5.93

8 选中【星光】图层，将时间调整到 0:00:04:00 的位置，打开【不透明度】关键帧，单击【不透明度】左侧码表◎按钮，在当前位置添加关键帧；选中【星光 2】图层，打开【不透明度】关键帧，单击【不透明度】左侧码表◎按钮，将其数值更改为 0%，如图 5.94 所示。

图 5.94

9 将时间调整到 0:00:04:24 的位置，将【星光 2】图层关键帧【不透明度】更改为 100%，将【星光】图层关键帧【不透明度】更改为 0%，系统将自动添加关键帧，制作出不透明度动画，如

图 5.95 所示。

图 5.95

10 将时间调整到 0:00:07:00 的位置，单击【星光 2】层的【在当前时间添加或移除关键帧】◇图标；将时间调整到 0:00:07:22 的位置，将【不透明度】更改为 0%，系统将自动添加关键帧，如图 5.96 所示。

图 5.96

5.3.4　添加粒子装饰

1 执行菜单栏中的【图层】|【新建】|【纯色】命令，在弹出的对话框中将【名称】更改为"粒子"，将【颜色】更改为黑色，完成之后单击【确定】按钮。

2 选中【粒子】图层，先在【效果和预设】面板中展开【模拟】特效组，然后双击【CC Particle World（CC 粒子世界）】特效。

3 在【效果控件】面板中，将【Birth Rate

（出生率）】更改为 200.0，将【Longevity（寿命）】更改为 1.00，如图 5.97 所示。

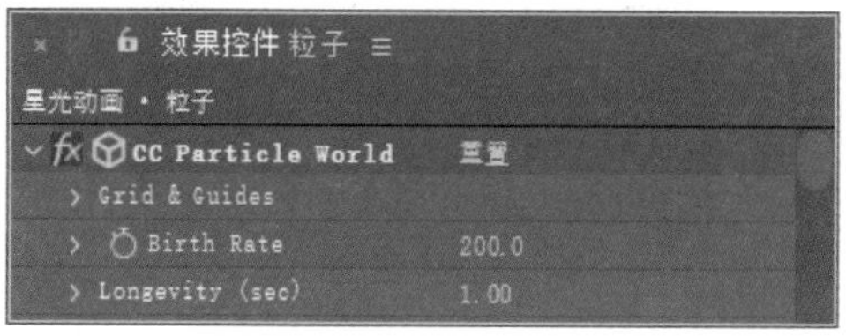

图 5.97

4 展开【Producer（发生器）】选项组，将【RadiusX（X 轴半径）】更改为 3.000，将【RadiusY（Y 轴半径）】更改为 2.000，将【RadiusZ（Z 轴半径）】更改为 0.500；展开【Physics（物理学）】选项组，将【Animation（动画）】更改为【Viscose（黏性的）】，将【Velocity（速度）】更改为 0.05，将【Gravity（重力）】更改为 0.000，如图 5.98 所示。

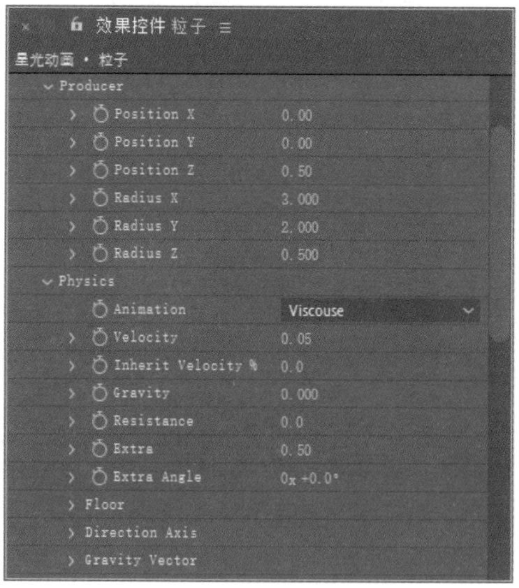

图 5.98

5 展开【Particle（粒子）】选项组，将【Partilcle Type（粒子类型）】更改为【Faded Sphere（衰减球）】，将【Birth Size（出生大小）】更改为 0.020，将【Death Size（消逝大小）】更改为 0.050，将【Death Color（消逝颜色）】更改为橙色（R：255，G：216，B：0），如图 5.99 所示。

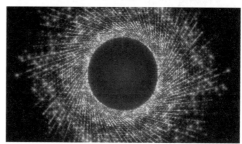

图 5.99

5.3.5 制作文字动画

1 执行菜单栏中的【合成】|【新建合成】命令，打开【合成设置】对话框，设置【合成名称】为"文字动画"，【宽度】为 720，【高度】为 405，【帧速率】为 25，并设置【持续时间】为 0:00:10:00，【背景颜色】为黑色，完成之后单击【确定】按钮，如图 5.100 所示。

2 选择工具栏中的【横排文字工具】T，在图像中输入文字（字体为 Bahnschrift），如图 5.101 所示。

3 选中【STARGLOW】图层，先在【效果和预设】面板中展开【生成】特效组，然后双击【梯度渐变】特效。

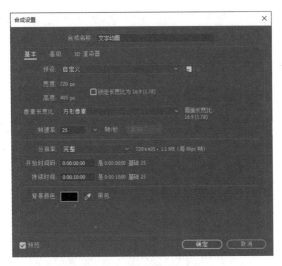

图 5.100

图 5.101

4 在【效果控件】面板中将【渐变起点】
更改为（355.0，206.0），将【起始颜色】更改为白色，
将【渐变终点】更改为（477.0，250.0），将【结束
颜色】更改为黄色（R：255，G：210，B：0），将
【渐变形状】更改为【径向渐变】，如图 5.102 所示。

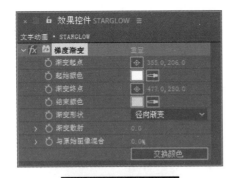

图 5.102

5 在【项目】面板中选中【文字动画】合成，

将其拖至当前时间轴面板中，如图 5.103 所示。

图 5.103

6 选中【文字动画】图层，先在【效果和预设】
面板中展开【模糊和锐化】特效组，然后双击【高
斯模糊】特效。

7 在【效果控件】面板中，将【模糊度】
更改为 500.0，将时间调整到 0:00:20:00 的位置，
单击【模糊度】左侧码表 ⏱ 按钮，在当前位置添加
关键帧，如图 5.104 所示。

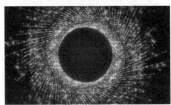

图 5.104

8 在【效果控件】面板中，将时间调整到
0:00:03:00 的位置，将【模糊度】更改为 0.0，系统
将自动添加关键帧，如图 5.105 所示。

图 5.105

9 选中【文字动画】图层，将时间调整到

0:00:03:00 的位置，打开【缩放】关键帧，将【缩放】更改为（70.0，70.0%），单击【缩放】左侧码表⊙按钮，在当前位置添加关键帧。

10 将时间调整到 0:00:06:00 的位置，将【缩放】更改为（60.0，60.0%），系统将自动添加关键帧，制作缩放动画效果，如图 5.106 所示。

图 5.106

5.3.6 添加星芒动画

1 在【项目】面板中选中【星芒.jpg】素材，将其拖至时间轴面板中，在图像中将其适当缩小，如图 5.107 所示。

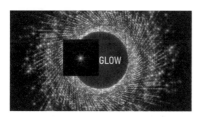

图 5.107

2 选中【星芒.jpg】图层，将其图层【模式】更改为【屏幕】，如图 5.108 所示。

图 5.108

3 选中【星芒.jpg】图层，先在【效果和预设】面板中展开【颜色校正】特效组，然后双击【色相/饱和度】特效。

4 在【效果控件】面板中选中【彩色化】复选框，按住 Alt 键单击【着色色相】左侧码表⊙按钮，在时间轴面板中输入（time*100），为当前效果添加表达式，如图 5.109 所示。

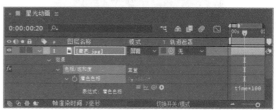

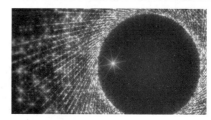

图 5.109

5 选中【星芒.jpg】图层，将时间调整到 0:00:03:00 的位置，打开【缩放】关键帧，单击【缩放】左侧码表⊙按钮，在当前位置添加关键帧，并将【缩放】更改为（0.0，0.0%）。

6 将时间调整到 0:00:04:00 的位置，将【缩放】更改为（50.0，50.0%），系统将自动添加关键帧，制作缩放动画效果，如图 5.110 所示。

7 选中【星芒.jpg】图层，按 Ctrl+D 组合键复制一个【星芒 2】新图层，选中【星芒 2】新图层，在图像中将其移至文字底部位置，如图 5.111

所示。

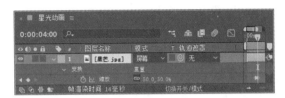

图 5.110

图 5.111

8 以同样的方法选中【星芒 2】图层，按 Ctrl+D 组合键复制多个图像，在图像中移动其位置，如图 5.112 所示。

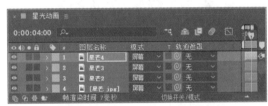

图 5.112

9 选中【星芒 2】图层中缩放关键帧，将其向右侧稍微拖动，以同样的方法分别选中其他几个图层中的缩放关键帧，向右侧拖动，如图 5.113 所示。

图 5.113

10 同时选中【星芒】【星芒 2】【星芒 3】【星芒 4】图层，将其【父级和链接】设置为"文字动画"，如图 5.114 所示。

图 5.114

11 选中【星芒 2】图层，将其图层【着色色相】表达式数值更改为（time*50）；选中【星芒 3】图层，将其图层【着色色相】表达式数值更改为（time*80）；选中【星芒 4】图层，将其图层【着色色相】表达式数值更改为（time*150），如图 5.115 所示。

图 5.115

5.3.7　打造奖杯动画

1️⃣ 执行菜单栏中的【合成】|【新建合成】命令，打开【合成设置】对话框，设置【合成名称】为"奖杯动画"，【宽度】为 300，【高度】为 405，【帧速率】为 25，并设置【持续时间】为 0:00:10:00，【背景颜色】为黑色，完成之后单击【确定】按钮，如图 5.116 所示。

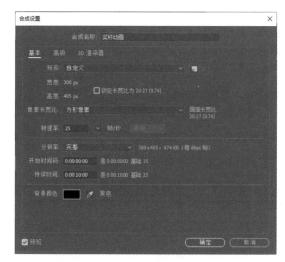

图 5.116

2️⃣ 选择工具栏中的【矩形工具】◾，在图像中绘制一个矩形，将生成一个【形状图层 1】图层，如图 5.117 所示。

图 5.117

3️⃣ 选中【形状图层 1】图层，先在【效果和预设】面板中展开【风格化】特效组，然后双击【CC Glass（玻璃）】特效。

4️⃣ 在【效果控件】面板中，将【Softness（柔化）】更改为 2.0；展开【Light（灯光）】选项组，将【Light Type（灯光类型）】更改为【Point Light（点光）】，如图 5.118 所示。

图 5.118

5️⃣ 选中【形状图层 1】图层，将其图层【不透明度】更改为 30%，如图 5.119 所示。

图 5.119

6️⃣ 在【项目】面板中选中【奖杯.png】素材图像，将其拖至当前时间轴面板中，在图像中将其适当缩小并移动位置，如图 5.120 所示。

图 5.120

7 在【项目】面板中选中【奖杯动画】合成，按 Ctrl+D 组合键将其复制，并将复制生成的合成名称更改为"金色数字动画"。

8 双击【金色数字动画】合成将其打开，选中时间轴面板中的【奖杯.png】图层，将其删除。

9 在【项目】面板中选中【金色数字.png】素材图像，将其拖至当前时间轴面板中，在图像中将其适当缩小并移动位置，如图 5.121 所示。

图 5.121

5.3.8 添加光线特效装饰

1 在【项目】面板中，双击【奖杯动画】合成将其打开，执行菜单栏中的【图层】|【新建】|【纯色】命令，在弹出的对话框中将【名称】更改为"黑色蒙版"，将【颜色】更改为黑色，完成之后单击【确定】按钮。

2 选中【黑色蒙版】图层，将其图层【模式】更改为【屏幕】，如图 5.122 所示。

图 5.122

3 选中工具箱中的【矩形工具】，在图像中绘制一个与形状图层相同的矩形，选中【黑色蒙版】图层，先在【效果和预设】面板中展开【生成】特效组，然后双击【勾画】特效。

4 在【效果控件】面板中选择【描边】为【蒙版/路径】；展开【蒙版/路径】选项组，选择【路径】为【蒙版 1】，如图 5.123 所示。

图 5.123

5 展开【片段】选项组，将【片段】更改为 1，将【长度】更改为 0.300，将时间调整到 0:00:00:00 的位置，单击【旋转】左侧码表按钮，在当前位置添加关键帧，如图 5.124 所示。

图 5.124

6 展开【正在渲染】选项组，将【混合模式】更改为【透明】，将【颜色】更改为白色，设置【宽

度】为 0.50，【硬度】为 1.000，【起始点不透明度】
为 0.500，如图 5.125 所示。

按 Ctrl+V 组合键将其粘贴，如图 5.128 所示。

图 5.125

图 5.127

7 将时间调整到 0:00:09:24 的位置，将【旋
转】更改为（−1x+0.0°），系统将自动添加关键帧，
如图 5.126 所示。

图 5.126

8 选中【黑色蒙版】图层，先在【效果和预
设】面板中展开【风格化】特效组，然后双击【发
光】特效。

9 在【效果控件】面板中，将【发光半径】
更改为 10.0，将【发光强度】更改为 10.0，设置【发
光操作】为【无】，如图 5.127 所示。

10 选中【黑色蒙版】图层，按 Ctrl+C 组合
键将其复制，打开【金色数字动画】时间轴面板，

图 5.128

11 在【效果控件】面板中将【旋转】更改
为（2x+0.0°），如图 5.129 所示。

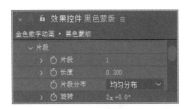

图 5.129

5.3.9 制作整体动画

1 在【项目】面板中,选中【奖杯动画】合成,将其拖至当前时间轴面板中,在图像中将其移至图像左侧位置,如图 5.130 所示。

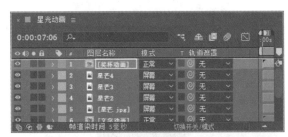

图 5.130

2 选中【奖杯动画】图层,打开图层 3D 开关,将时间调整到 0:00:06:00 的位置,打开【位置】关键帧,单击【位置】左侧码表 按钮,在当前位置添加关键帧。

3 将时间调整到 0:00:08:00 的位置,将图像向右侧拖动,系统将自动添加关键帧,制作出位置动画,如图 5.131 所示。

4 选中【奖杯动画】图层,将时间调整到 0:00:06:00 的位置,打开【旋转】关键帧,单击【Y 轴旋转】左侧码表 按钮,在当前位置添加关键帧。

图 5.131

5 将时间调整到 0:00:08:00 的位置,将其数值更改为(0x-30.0°),系统将自动添加关键帧,如图 5.132 所示。

图 5.132

6 在【项目】面板中选中【金色数字动画】合成,将其拖至当前时间轴面板中,在图像中将其移至图像右侧位置,如图 5.133 所示。

7 选中【金色数字动画】图层,打开其图层 3D 属性开关,为其制作位置及旋转动画,如图 5.134 所示。

8 选中【星光】图层,打开其图层 3D 开关,如图 5.135 所示。

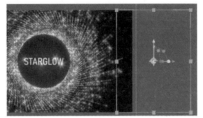

图 5.133

图 5.134

图 5.135

9 执行菜单栏中的【图层】|【新建】|【摄像机】命令，新建一个【摄像机 1】图层。

10 将时间调整到 0:00:00:00 的位置，打开【位置】关键帧，单击【位置】左侧码表 按钮，在当前位置添加关键帧；将时间调整到 0:00:02:00 的位置，将【位置】数值更改为（360.0，202.5，−1000.0），系统将自动添加关键帧，如图 5.136 所示。

图 5.136

11 选中【星光】图层，先在【效果和预设】面板中展开【模糊和锐化】特效组，然后双击【摄像机镜头模糊】特效。

12 在【效果控件】面板中，将时间调整到 0:00:00:00 的位置，将【模糊半径】更改为 20.0，单击【模糊半径】左侧码表 按钮，在当前位置添加关键帧，如图 5.137 所示。

图 5.137

13 将时间调整到 0:00:02:00 的位置，将【模糊半径】更改为 0.0，系统将自动添加关键帧，如图 5.138 所示。

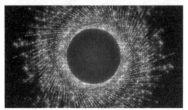

图 5.138

14 这样就完成了最终整体效果的制作，按小键盘上的 0 键即可在合成窗口中预览动画。

5.4 课后上机实操

　　本章通过两个课后上机实操，帮助读者对影视频道片头和 ID 设计的使用进行深入了解，让读者掌握其应用方法和技巧，以便更好地应用到工作中。

5.4.1 上机实操 1——MUSIC 频道 ID 演绎

实例解析

　　本例重点利用【3D Stroke（3D 笔触）】【Starglow（星光）】特效制作流动光线效果，以及利用【高斯模糊】等特效制作 Music 字符运动模糊效果。本例最终的动画流程效果如图 5.139 所示。

　　难易程度：★★★★☆

　　工程文件：第 5 章 \MUSIC 频道 ID 演绎

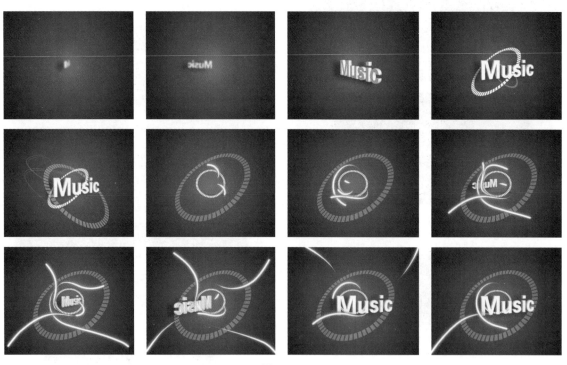

图 5.139

知识点

序列素材的导入及设置

【高斯模糊】特效

【3D Stroke（3D 笔触）】特效

【Starglow（星光）】特效

视频文件

5.4.2 上机实操 2──卡通水下世界动画设计

 实例解析

本例为卡通水下世界动画设计。该设计将围绕海底及卡通两个元素进行，通过添加可爱元素并与清新元素相结合，展示出色的整体视觉效果。最终效果如图 5.140 所示。

难易程度：★★★☆☆

工程文件：第 5 章 \ 卡通水下世界动画设计

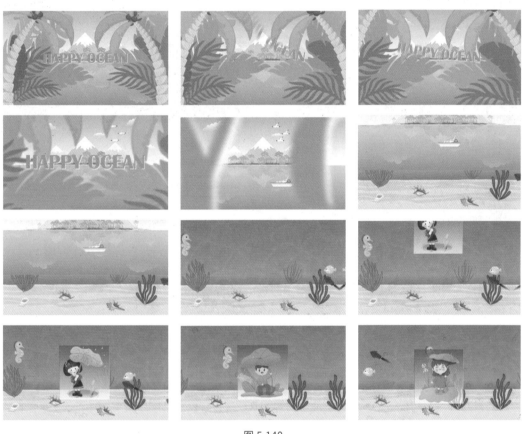

图 5.140

 知识点

视频文件

【位置】属性

【摄像机】应用

表达式

【泡沫】特效

第 6 章

栏目 Logo 与标识动画设计

内容摘要

本章主要讲解栏目 Logo 与标识动画设计。栏目 Logo 与标识动画是 After Effects 动画设计中非常重要的组成部分，此类动画可以很好地表现出动画的主题，更好地向观看者传递直观的信息。本章列举了啤酒派对开场标识设计、科幻栏目标志动画设计及冰冻标识动画设计实例。通过对这些实例的学习，读者可以掌握栏目 Logo 与标识动画的设计制作。

教学目标

◉ 掌握啤酒派对开场标识设计技法

◉ 学习科幻栏目标志动画设计技巧

◉ 学会冰冻标识动画设计

6.1 啤酒派对开场标识设计

实例解析

本例主要讲解啤酒派对开场标识设计。本例先选取漂亮的啤酒素材图像，再制作流动的啤酒动画效果，最终制作出啤酒派对的动画效果。整个制作过程比较简单，最终效果如图 6.1 所示。

难易程度：★★★☆☆

工程文件：第 6 章 \ 啤酒派对开场标识设计

图 6.1

知识点

【缩放】属性

【投影】特效

【分形杂色】特效

【CC Mr.Mercury（CC 水银）】特效

蒙版路径的使用

视频文件

操作步骤

6.1.1 制作背景效果

1 执行菜单栏中的【合成】|【新建合成】命令，打开【合成设置】对话框，设置【合成名称】为"啤酒动画"，【宽度】为 720，【高度】为 405，【帧速率】为 25，并设置【持续时间】为 0:00:10:00，【背景颜色】为黑色，完成之后单击【确定】按钮，如图 6.2 所示。

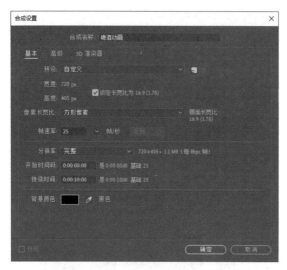

图 6.2

制作缩放动画效果，如图 6.5 所示。

图 6.4

2 执行菜单栏中的【文件】|【导入】|【文件】命令，打开【导入文件】对话框，选择"杯装啤酒.png""红丝带.png""木桶.png""香肠.png""啤酒.jpg"素材。导入素材，如图 6.3 所示。

图 6.3

图 6.5

3 将时间调整到 0:00:00:00 的位置，在【项目】面板中，选中【啤酒.jpg】素材图像，将其拖至时间轴面板中，打开【缩放】关键帧，将其数值更改为（50.0，50.0%），单击【缩放】左侧码表按钮，在当前位置添加关键帧，如图 6.4 所示。

4 将时间调整到 0:00:05:00 的位置，将【缩放】更改为（60.0，60.0%），系统将自动添加关键帧，

6.1.2 添加木桶动画

1 在【项目】面板中选中【木桶.png】素材图像，将其拖至当前时间轴面板中，并在图像中适当将其缩小，如图 6.6 所示。

2 选中【木桶.png】图层，在图像中将其向左侧平行移动，如图 6.7 所示。

3 将时间调整到 0:00:00:00 的位置，打开【位置】关键帧，单击【位置】左侧码表按钮，在当前位置添加关键帧。

图 6.6

图 6.7

4 将时间调整到 0:00:01:00 的位置，将图像向右侧拖动；将时间调整到 0:00:01:10 的位置，将图像向左侧稍微拖动；将时间调整到 0:00:01:20 的位置，将图像向右侧稍微拖动；将时间调整到 0:00:02:05 的位置，将图像向左侧稍微拖动，系统将自动添加关键帧，制作出位置动画，如图 6.8 所示。

图 6.8

5 同时选中【木桶.png】图层中所有【位置】关键帧并右击，在弹出的快捷菜单中选择【关键帧辅助】|【缓动】命令。

技巧 按 F9 键可快速执行缓动命令。

6 选中【木桶.png】图层，将时间调整到 0:00:00:00 的位置，打开【旋转】关键帧，单击【旋转】左侧码表按钮，在当前位置添加关键帧。

7 将时间调整到 0:00:01:00 的位置，将其数值更改为（1x+0.0°）；将时间调整到 0:00:01:10 的位置，将其数值更改为（0x+0.0°）；将时间调整到 0:00:01:20 的位置，将其数值更改为（0x-50.0°）；将时间调整到 0:00:02:05 的位置，将其数值更改为（0x+0.0°），系统将自动添加关键帧，如图 6.9 所示。

图 6.9

6.1.3 制作路径文字效果

1 选择工具栏中的【横排文字工具】T，在图像中输入文字（字体为 Arial Rounded MT Bold），如图 6.10 所示。

2 选中文字所在图层，选择工具栏中的【椭圆工具】，按住 Shift+Ctrl 组合键在木桶位置绘制一个正圆路径，如图 6.11 所示。

3 将时间调整到 0:00:02:10 的位置，选中【文字】图层，将【路径选项】展开，设置【路径】为蒙版 1，将【反转路径】更改为【开】，将【首字边距】更改为 -170.0，单击【首字边距】左侧码表按钮，在当前位置添加关键帧，如图 6.12 所示。

图 6.10　　　　　图 6.11

图 6.12

④ 将时间调整到 0:00:03:00 的位置，将【首字边距】更改为 -120.0，系统将自动添加关键帧，如图 6.13 所示。

图 6.13

⑤ 选中【文字】图层，将时间调整到 0:00:02:05 的位置，打开【不透明度】关键帧，单击【不透明度】左侧码表 按钮，在当前位置添加关键帧，将其数值更改为 0%。

⑥ 将时间调整到 0:00:02:20 的位置，将【不透明度】更改为 100%，系统将自动添加关键帧，

制作出不透明度动画，如图 6.14 所示。

图 6.14

⑦ 选中【文字】图层，先在【效果和预设】面板中展开【透视】特效组，然后双击【投影】特效。

⑧ 在【效果控件】面板中，将【阴影颜色】更改为深红色（R：50，G：20，B：0），将【不透明度】更改为 50%，将【距离】更改为 3.0，如图 6.15 所示。

图 6.15

⑨ 在【项目】面板中，选中【杯装啤酒.png】图层，将其拖至时间轴面板中后按 Ctrl+D 组合键复制一个【杯装啤酒 2】新图层，并选中【杯装啤酒 .png】图层，在图像中将其移至靠右侧位置，如图 6.16 所示。

图 6.16

⑩ 选中【杯装啤酒.png】图层，将时间调整到 0:00:01:10 的位置，打开【位置】关键帧，单

击【位置】左侧码表◎按钮，打开【旋转】关键帧，单击【旋转】左侧码表◎按钮，在当前位置添加关键帧。

⑪ 将时间调整到 0:00:02:10 的位置，将【旋转】更改为（0x-20.0°），在图像中将图像向左侧拖动，系统将自动添加关键帧，如图 6.17 所示。

图 6.17

⑫ 将时间调整到 0:00:02:15 的位置，将【旋转】更改为（0x+0.0°）；将时间调整到 0:00:02:20 的位置，将【旋转】更改为（0x-20.0°），系统将自动添加关键帧，如图 6.18 所示。

图 6.18

⑬ 选中【杯装啤酒 2】图层，在图像中将其向左侧平移至左侧相对位置。

⑭ 在其图层名称上右击，在弹出的快捷菜单中选择【变换】|【水平翻转】命令，如图 6.19 所示。

 提示 水平翻转图像是为了让【杯装啤酒 2】图像与【杯装啤酒】图像相对。

图 6.19

⑮ 以同样的方法为【杯装啤酒 2】图层中的图像制作位置及旋转动画，如图 6.20 所示。

图 6.20

⑯ 选中【杯装啤酒】图层，先在【效果和预设】面板中展开【透视】特效组，然后双击【投影】特效。

⑰ 在【效果控件】面板中，将【不透明度】更改为 60%，将【距离】更改为 5.0，将【柔和度】更改为 10.0，如图 6.21 所示。

图 6.21

18 在【图层】面板中选中【杯装啤酒】图层，在【效果控件】面板中先选中【投影】效果，按 Ctrl+C 组合键将其复制，再选中【杯装啤酒 2】图层，在【效果控件】面板中按 Ctrl+V 组合键粘贴该效果，如图 6.22 所示。

图 6.22

6.1.4 打造红丝带动画

1 在【项目】面板中选中【红丝带.png】素材图像，将其添加至当前时间轴面板中，并在图像中适当移动其位置，如图 6.23 所示。

图 6.23

2 选中【红丝带.png】图层，按 Ctrl+D 组合键复制一个【红丝带 2】新图层，并将【红丝带 2】图层暂时隐藏。

3 选择工具栏中的【矩形工具】■，选中【红丝带】图层，在图像中间位置绘制一个细长矩

形蒙版，将部分图像隐藏，如图 6.24 所示。

图 6.24

😊 **技巧** 在绘制矩形蒙版时可将图像放大，这样更易于操控。

4 将时间调整到 0:00:03:00 的位置，将【红丝带.png】图层展开，单击【蒙版】|【蒙版 1】|【蒙版路径】左侧码表 按钮，在当前位置添加关键帧。

5 将时间调整到 0:00:03:15 的位置，在图像中同时选中右上角及右下角锚点，向右侧拖动，系统将自动添加关键帧，如图 6.25 所示。

图 6.25

6 显示【红丝带 2】图层，并以同样的方法为其制作蒙版路径动画，如图 6.26 所示。

7 将时间调整到 0:00:03:00 的位置，同时选中【红丝带.png】和【红丝带 2】图层，按

Alt+[组合键设置动画入点，如图 6.27 所示。

图 6.26

图 6.27

8 选择工具栏中的【横排文字工具】T，在图像中输入文字（字体为 Cooper Black），如图 6.28 所示。

图 6.28

9 选中【BEER PARTY】图层，将时间调整到 0:00:03:00 的位置，打开【缩放】关键帧，单击【缩放】左侧码表 按钮，在当前位置添加关键帧，并将【缩放】更改为（0.0，0.0%）。

10 将时间调整到 0:00:03:10 的位置，将【缩放】更改为（110.0，110.0%）；将时间调整

到 0:00:03:15 的位置，将【缩放】更改为（100.0，100.0%），系统将自动添加关键帧，制作缩放动画效果，如图 6.29 所示。

图 6.29

11 在【项目】面板中选中【香肠】素材图像，将其拖至当前图像中并适当旋转，如图 6.30 所示。

12 选择工具栏中的【向后平移（锚点）工具】，将【香肠】图层中图像中心点移至右下角位置，如图 6.31 所示。

 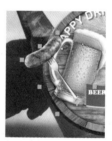

图 6.30 　　　　　　　　图 6.31

13 选中【香肠.png】图层，将时间调整到 0:00:03:05 的位置，打开【缩放】关键帧，单击【缩放】左侧码表 按钮，在当前位置添加关键帧，并将【缩放】更改为（0.0，0.0%）。

14 将时间调整到 0:00:03:20 的位置，将【缩放】更改为（40.0，40.0%），系统将自动添加关键帧，制作缩放动画效果，如图 6.32 所示。

图 6.32

15 选中【香肠.png】图层，按 Ctrl+D 组合键复制一个【香肠 2】新图层。

16 选中【香肠 2】图层，在图像中将其向右侧拖动，并适当旋转，如图 6.33 所示。

图 6.33

17 同时选中【香肠 2】及【香肠.png】图层，将其向下移至【红丝带.png】图层下方，如图 6.34 所示。

图 6.34

6.1.5 制作啤酒动画

1 执行菜单栏中的【合成】|【新建合成】

命令，打开【合成设置】对话框，设置【合成名称】为"啤酒"，【宽度】为 720，【高度】为 405，【帧速率】为 25，并设置【持续时间】为 0:00:10:00，【背景颜色】为黑色，完成之后单击【确定】按钮，如图 6.35 所示。

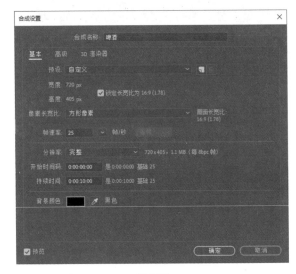

图 6.35

2 执行菜单栏中的【图层】|【新建】|【纯色】命令，在弹出的对话框中将【名称】更改为"黄色"，将【颜色】更改为黄色（R：255，G：192，B：0），完成之后单击【确定】按钮。

3 选中【黄色】图层，先在【效果和预设】面板中展开【杂色和颗粒】特效组，然后双击【湍流杂色】特效。

4 在【效果控件】面板中，将【分形类型】更改为【字符串】，将【杂色类型】更改为【样条】，将【溢出】更改为【柔和固定】，将【混合模式】更改为【叠加】，按住 Alt 键单击【演化】左侧码表 按钮，在时间轴面板中输入表达式（time*200），如图 6.36 所示。

5 选中【黄色】图层，打开【缩放】属性，单击【缩放】左侧【约束比例】 图标，将【缩放】更改为（100.0，30.0%），如图 6.37 所示。

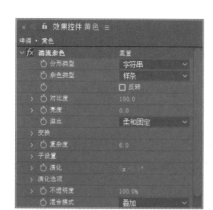

图 6.36

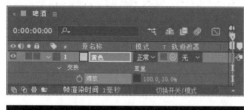

图 6.37

6 选择工具栏中的【钢笔工具】，选中【黄色】图层，在图像中绘制一个不规则蒙版路径，制作出啤酒图像效果，如图 6.38 所示。

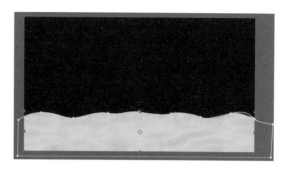

图 6.38

6.1.6 打造流动的啤酒

1 执行菜单栏中的【合成】|【新建合成】命令，打开【合成设置】对话框，设置【合成名称】为"流动的啤酒"，【宽度】为 720，【高度】为 405，【帧速率】为 25，并设置【持续时间】为 0:00:10:00，【背景颜色】为黑色，完成之后单击【确定】按钮，如图 6.39 所示。

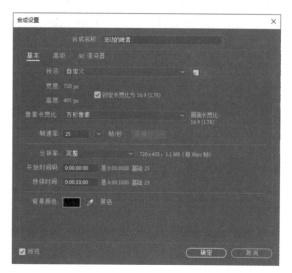

图 6.39

2 执行菜单栏中的【图层】|【新建】|【纯

色】命令，在弹出的对话框中将【名称】更改为"黑色"，将【颜色】更改为黑色，完成之后单击【确定】按钮。

3 选中【黑色】图层，先在【效果和预设】面板中展开【杂色和颗粒】特效组，然后双击【分形杂色】特效。

4 在【效果控件】面板中，将【分形类型】更改为【湍流平滑】，将【杂色类型】更改为【样条】，选中【反转】复选框，如图6.40所示。

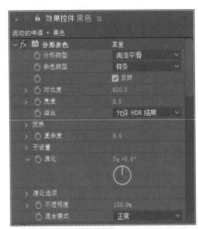

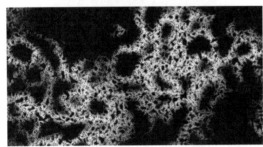

图6.40

5 在【效果和预设】面板中展开【模拟】特效组，然后双击【CC Mr.Mercury（CC 水银）】特效。

6 在【效果控件】面板中，将【Radius X（X轴半径）】更改为0.0，将【Radius Y（Y轴半径）】更改为0.0，将【Velocity（速度）】更改为0.1，将【Birth Rate（出生率）】更改为2.0，将【Longevity

（sec）（寿命）】更改为3.0，将【Gravity（重力）】更改为1.0，将【Animation（动画）】更改为【Jet（喷射）】，将【Blob Birth Size（融化出生大小）】更改为0.10，将【Blob Death Size（融化消逝大小）】更改为0.10，如图6.41所示。

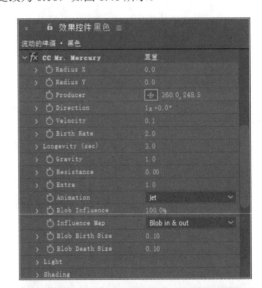

图6.41

7 在【效果和预设】面板中展开【颜色校正】特效组，然后双击【色相/饱和度】特效。

8 在【效果控件】面板中选中【彩色化】复选框，将【着色色相】更改为（0x-317.0°），将【着色饱和度】更改为80，如图6.42所示。

9 在【效果和预设】面板中展开【风格化】特效组，然后双击【发光】特效。

10 在【效果控件】面板中，将【发光强度】更改为2.0，如图6.43所示。

图 6.42

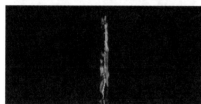

图 6.43

11　在【项目】面板中选中【啤酒】和【流动的啤酒】合成，将其拖至【啤酒动画】时间轴面板中，将时间调整到 0:00:02:05 的位置，选择【流动的啤酒】层，按 [键设置当前图层动画入点，如

图 6.44 所示。

图 6.44

12　选中【流动的啤酒】图层，将其图层【模式】更改为【屏幕】，如图 6.45 所示。

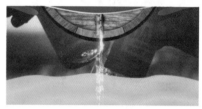

图 6.45

13　选择工具栏中的【矩形工具】，选中【流动的啤酒】图层，在图像中绘制一个矩形蒙版，将部分图像隐藏。按 F 键打开【蒙版羽化】关键帧，并将数值更改为（10.0，10.0），如图 6.46 所示。

图 6.46

14 选中【啤酒】图层，按 Ctrl+D 组合键复制出【啤酒 2】及【啤酒 3】两个新图层，并将【啤酒 3】图层暂时隐藏，如图 6.47 所示。

图 6.47

15 选中【啤酒 2】图层，先在【效果和预设】面板中展开【模拟】特效组，然后双击【CC Mr. Mercury（CC 水银）】特效。

16 在【效果控件】面板中，设置【Radius X（X 轴半径）】为 100.0，【Radius Y（Y 轴半径）】为 100.0，【Producer（发生器）】为（360.0，0.0），【Velocity（速度）】为 0.0，【Birth Rate（出生率）】为 3.0，【Longevity(sec)（寿命）】为 1.0，【Gravity（重力）】为 0.5，【Resistance（阻力）】为 0.00，选择【Animation（动画）】为【Direction（方向）】，【Influence Map（影响地图）】为【Blob out（滴出）】，【Blob Birth Size（融化出生大小）】为 0.15，【Blob Death Size（融化消逝大小）】为 0.15，如图 6.48 所示。

图 6.48

17 选中【啤酒 2】图层，将其图层【轨道遮罩】更改为【2. 啤酒 3】，如图 6.49 所示。

18 这样就完成了最终整体效果的制作，按小键盘上的 0 键即可在合成窗口中预览动画。

图 6.49

6.2 冰冻标识动画设计

 实例解析

本例主要讲解冰冻标识动画设计。本例的特色是通过将结冰背景与冰块动画相结合，来表现冰雪的视觉效果。最终效果如图 6.50 所示。

难易程度：★★★★☆

工程文件：第6章\冰冻标识动画设计

图 6.50

 知识点

【动态拼贴】特效

【曲线】特效

【CC Blobbylize（CC 融化）】特效

【CC Snowfall（下雪）】特效

视频文件

 操作步骤

6.2.1 制作结冰背景

1 执行菜单栏中的【合成】|【新建合成】命令，打开【合成设置】对话框，设置【合成名称】为"结冰背景"，【宽度】为720，【高度】为405，【帧速率】为25，并设置【持续时间】为0:00:10:00，【背景颜色】为黑色，完成之后单击【确定】按钮，如图 6.51 所示。

2 执行菜单栏中的【文件】|【导入】|【文件】命令，打开【导入文件】对话框，选择"质感图像.jpg""天空.jpg""冰面.jpg""冰.jpg""文字.png""裂开的冰.mp4"素材。导入素材，如图 6.52

所示。

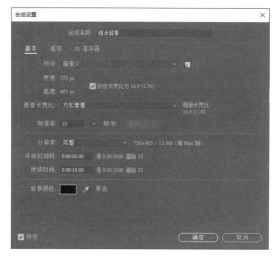

图 6.51

图 6.52

③ 在【项目】面板中选中【冰.jpg】图层，将其拖至当前时间轴面板中，并在图像中将其等比缩小，如图 6.53 所示。

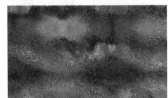

图 6.53

④ 执行菜单栏中的【图层】|【新建】|【纯色】命令，在弹出的对话框中将【名称】更改为"中间白色"，将【颜色】更改为白色，完成之后单击【确定】按钮。

⑤ 选择工具栏中的【钢笔工具】，选中【中间白色】图层，在图像中绘制一个不规则蒙版路径，如图 6.54 所示。

图 6.54

⑥ 按 F 键打开【蒙版羽化】属性，将数值更改为（100.0，100.0），如图 6.55 所示。

图 6.55

6.2.2　制作白云背景

① 执行菜单栏中的【合成】|【新建合成】命令，打开【合成设置】对话框，设置【合成名称】为"白云背景"，【宽度】为 720，【高度】为 405，【帧速率】为 25，并设置【持续时间】为 0:00:10:00，【背景颜色】为黑色，完成之后单击【确定】按钮，如图 6.56 所示。

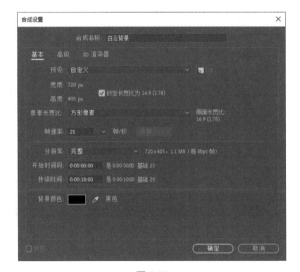

图 6.56

2 在【项目】面板中选中【天空.jpg】素材图像，将其拖至当前时间轴面板中，如图 6.57 所示。

图 6.57

3 选中【天空.jpg】图层，先在【效果和预设】面板中展开【风格化】特效组，然后双击【动态拼贴】特效。

4 在【效果控件】面板中，将【输出宽度】更改为 200.0，选中【镜像边缘】复选框，如图 6.58 所示。

图 6.58

5 选中【天空.jpg】图层，先在【效果和预设】面板中展开【颜色校正】特效组，然后双击【色相/饱和度】特效。

6 在【效果控件】面板中选中【彩色化】复选框，设置【着色色相】为（0x+200.0°），【着色饱和度】为 15，如图 6.59 所示。

图 6.59

7 将【通道】更改为蓝色，调整曲线，增加图像中蓝色亮度，如图 6.60 所示。

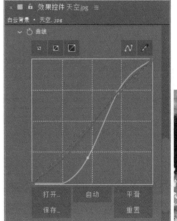

图 6.60

6.2.3 打造冰冻整体背景

1 执行菜单栏中的【合成】|【新建合成】

命令，打开【合成设置】对话框，设置【合成名称】
为"冰冻整体背景"，【宽度】为720，【高度】
为405，【帧速率】为25，并设置【持续时间】为
0:00:10:00，【背景颜色】为黑色，完成之后单击【确
定】按钮，如图6.61所示。

图 6.61

2 在【项目】面板中同时选中【结冰背景】
及【白云背景】合成，将其拖至当前时间轴面板中，
并将【白云背景】置于上方，如图6.62所示。

图 6.62

3 选中【白云背景】图层，先在【效果和预设】
面板中展开【模糊和锐化】特效组，然后双击【高
斯模糊】特效。

4 在【效果控件】面板中将【模糊度】更
改为8.0，如图6.63所示。

5 选中【白云背景】图层，打开【不透明度】
关键帧，将其数值更改为70%，如图6.64所示。

图 6.63

图 6.64

6 选中【白云背景】图层，先在【效果和
预设】面板中展开【扭曲】特效组，然后双击【CC
Blobbylize（CC 融化）】特效。

7 在【效果控件】面板中，选择【Blob
Layer（融化层）】为【2.结冰背景】，将【Softness（柔
化）】更改为0.5，将【Cut Away（剪切）】更改为0.0。
展开【Light（灯光）】选项组，将【Light Type（灯
光类型）】更改为【Point Light（点光）】，如图6.65
所示。

8 选中【白云背景】图层，先在【效果和预
设】面板中展开【模糊和锐化】特效组，然后双击
【高斯模糊】特效。

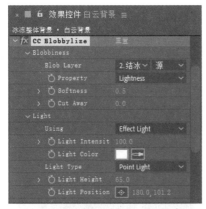

图 6.65

⑨ 在【效果控件】面板中，将【模糊度】更改为 3.0，如图 6.66 所示。

图 6.66

6.2.4 制作冰冻文字

① 执行菜单栏中的【合成】|【新建合成】命令，打开【合成设置】对话框，设置【合成名称】为"冰冻文字"，【宽度】为 720，【高度】为 405，【帧速率】为 25，并设置【持续时间】为 0:00:10:00，【背景颜色】为黑色，完成之后单击【确定】按钮，如图 6.67 所示。

图 6.67

② 执行菜单栏中的【图层】|【新建】|【纯色】命令，在弹出的对话框中将【名称】更改为"下雪"，将【颜色】更改为黑色，完成之后单击【确定】按钮。

③ 选中【下雪】图层，先在【效果和预设】面板中展开【模拟】特效组，然后双击【CC Snowfall（下雪）】特效。

④ 在【效果控件】面板中，将【Size（大小）】更改为 1，将【Speed（速度）】更改为 150.0，将【Opacity（不透明度）】更改为 100.0，如图 6.68 所示。

⑤ 在【项目】面板中选中【裂开的冰.mp4】素材，将其拖至当前时间轴面板中，并在图像中将其等比缩小，如图 6.69 所示。

⑥ 以同样的方法在【项目】面板中选中【冰.jpg】素材，将其拖至当前时间轴面板中并等比缩小。

图 6.68

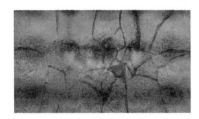

图 6.69

动添加关键帧，制作图像擦除动画，如图 6.72 所示。

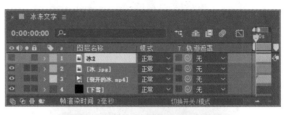

图 6.70

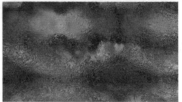

图 6.71

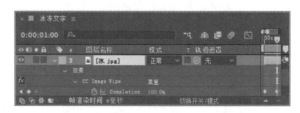

图 6.72

7 选中【冰.jpg】图层，按 Ctrl+D 组合键复制一个【冰 2】新图层，将【冰 2】图层暂时隐藏，如图 6.70 所示。

8 选中【冰.jpg】图层，先在【效果和预设】面板中展开【过渡】特效组，然后双击【CC Image Wipe（CC 图像擦除）】特效。

9 在【效果控件】面板中，将时间调整到 0:00:00:00 的位置，单击【Completion（完成）】左侧码表 按钮，在当前位置添加关键帧，并将其数值更改为 0.0%，如图 6.71 所示。

10 将时间调整到 0:00:01:00 的位置，将【Completion（完成）】更改为 100.0%，系统将自

11 选择工具栏中的【钢笔工具】 ，选中【冰 2】图层，在图像中绘制一个不规则蒙版路径，如图 6.73 所示。

图 6.73

12 按 F 键打开【蒙版羽化】关键帧，将数值更改为（100.0，100.0），如图 6.74 所示。

图 6.74

6.2.5 制作立体字

1 执行菜单栏中的【合成】|【新建合成】命令，打开【合成设置】对话框，设置【合成名称】为"立体字质感效果"，【宽度】为 720，【高度】为 405，【帧速率】为 25，并设置【持续时间】为 0:00:10:00，【背景颜色】为黑色，完成之后单击【确定】按钮，如图 6.75 所示。

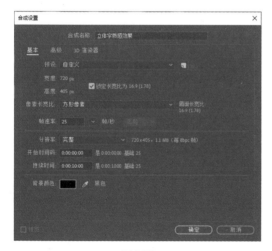

图 6.75

2 在【项目】面板中选中【文字.png】素材，

将其拖至当前时间轴面板中，如图 6.76 所示。

图 6.76

3 选中【文字.png】图层，先在【效果和预设】面板中展开【透视】特效组，然后双击【斜面 Alpha】特效。

4 在【效果控件】面板中，将【灯光强度】更改为 0.50，如图 6.77 所示。

图 6.77

5 执行菜单栏中的【合成】|【新建合成】命令，打开【合成设置】对话框，设置【合成名称】为"立体字"，【宽度】为 720，【高度】为 405，【帧速率】为 25，并设置【持续时间】为 0:00:10:00，【背景颜色】为黑色，完成之后单击【确定】按钮，如图 6.78 所示。

6 在【项目】面板中选中【立体字质感效果】合成，将其拖至当前时间轴面板中，按 Ctrl+D 组合键复制一个【立体字质感效果 2】新图层，并将【立体字质感效果 2】图层暂时隐藏，如图 6.79 所示。

图 6.78

图 6.79

⑦ 选中【立体字质感效果】图层，先在【效果和预设】面板中展开【颜色校正】特效组，然后双击【色调】特效。

⑧ 在【效果控件】面板中，将【将白色映射到】更改为灰色（R：80，G：80，B：80），并将【着色数量】更改为 50.0%，如图 6.80 所示。

图 6.80

⑨ 在【效果和预设】面板中展开【透视】特效组，然后双击【斜面 Alpha】特效。

⑩ 在【效果控件】面板中，将【灯光强度】更改为 0.60，如图 6.81 所示。

图 6.81

⑪ 在【效果和预设】面板中展开【模糊和锐化】特效组，然后双击【CC Radial Blur（CC 径向模糊）】特效。

⑫ 在【效果控件】面板中，将【Type（类型）】更改为【Fading Zoom（渐隐缩放）】，按住 Alt 键单击【Amount（数量）】左侧码表 按钮，在时间轴面板中输入（Time*-5），在当前位置添加表达式，如图 6.82 所示。

图 6.82

13 显示【立体字质感效果2】图层，即可观察到制作出的立体字效果，如图 6.83 所示。

图 6.83

6.2.6 打造冰冻效果

1 执行菜单栏中的【合成】|【新建合成】命令，打开【合成设置】对话框，设置【合成名称】为"冰冻效果"，【宽度】为 720，【高度】为 405，【帧速率】为 25，并设置【持续时间】为 0:00:10:00，【背景颜色】为黑色，完成之后单击【确定】按钮，如图 6.84 所示。

图 6.84

2 在【项目】面板中选中【质感图像.jpg】素材，将其拖至当前时间轴面板中，如图 6.85 所示。

图 6.85

3 选中【质感图像.jpg】图层，先在【效果和预设】面板中展开【扭曲】特效组，然后双击【湍流置换】特效。

4 在【效果控件】面板中，按住 Alt 键单击【演化】左侧码表按钮，在时间轴面板中输入表达式（time*20），如图 6.86 所示。

图 6.86

5 选中【质感图像.jpg】图层，先在【效果和预设】面板中展开【风格化】特效组，然后双击【动态拼贴】特效。

6 在【效果控件】面板中，将【输出宽度】更改为 750.0，将【输出高度】更改为 450.0，选中【镜像边缘】复选框，将时间调整到 0:00:00:00 的位置，单击【拼贴中心】左侧码表⊙按钮，在当前位置添加关键帧，如图 6.87 所示。

图 6.87

7 将时间调整到 0:00:09:24 的位置，将【拼贴中心】更改为（−277.0，50.0），系统将自动添加关键帧，如图 6.88 所示。

图 6.88

8 选中【质感图像.jpg】图层，先在【效果和预设】面板中展开【模糊和锐化】特效组，然后双击【高斯模糊】特效。

9 在【效果控件】面板中，将【模糊度】更改为 8.0，如图 6.89 所示。

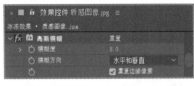

图 6.89

10 选中【质感图像.jpg】图层，打开【不透明度】关键帧，将数值更改为 90%，如图 6.90 所示。

图 6.90

11 在【项目】面板中选中【立体字】合成，将其拖至当前时间轴面板中，并按 Ctrl+D 组合键复制一个【立体字 2】新图层，将【立体字 2】图层暂时隐藏，如图 6.91 所示。

图 6.91

12 选中【立体字】图层，先在【效果和预设】面板中展开【模糊和锐化】特效组，然后双击【高斯模糊】特效。

13 在【效果控件】面板中，将【模糊度】更改为 30.0，如图 6.92 所示。

14 选中【立体字 2】图层，先在【效果和预设】面板中展开【遮罩】特效组，然后双击【简单阻塞工具】特效。

图 6.92

15 在【效果控件】面板中，将【阻塞遮罩】更改为 20.00，如图 6.93 所示。

图 6.93

16 在【效果和预设】面板中展开【模糊和锐化】特效组，然后双击【高斯模糊】特效。

17 在【效果控件】面板中将【模糊度】更改为 30.0，如图 6.94 所示。

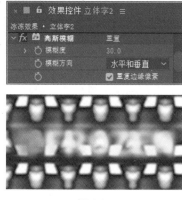

图 6.94

6.2.7 制作冰溜效果

1 执行菜单栏中的【合成】|【新建合成】命令，打开【合成设置】对话框，设置【合成名称】为" 结冰效果"，【宽度】为 720，【高度】为 405，【帧速率】为 25，并设置【持续时间】为 0:00:10:00，【背景颜色】为黑色，完成之后单击【确定】按钮，如图 6.95 所示。

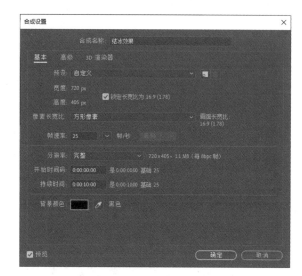

图 6.95

2 在【项目】面板中选中【立体字】及【冰冻效果】合成，将其拖至当前时间轴面板中，如图 6.96 所示。

图 6.96

3 选中【冰冻效果】图层，先在【效果和预设】面板中展开【风格化】特效组，然后双击【CC Glass（CC 玻璃）】特效。

4 在【效果控件】面板中展开【Surface（表面）】选项组，将【Bump Map（凹凸贴图）】更改为【2. 立体字】，将【Property（特性）】更改为 Alpha，将【Softness（柔化）】更改为 1.0，将【Height（高度）】更改为 25.0，将【Displacement（置换）】更改为 1.0，如图 6.97 所示。

图 6.97

5 在【效果和预设】面板中展开【扭曲】特效组，然后双击【CC Blobbylize（CC 融化）】特效。

6 在【效果控件】面板中，将【Blob Layer（融化层）】更改为【2. 立体字】，将【Property（特性）】更改为 Alpha，将【Softness（柔化）】更改为 1.0，将【Cut Away（剪切）】更改为 2.0，如图 6.98 所示。

7 在【效果和预设】面板中展开【颜色校正】特效组，然后双击【曲线】特效。

8 在【效果控件】面板中拖动曲线，增强图像中文字质感，如图 6.99 所示。

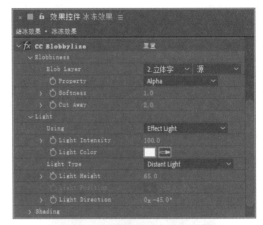

图 6.98

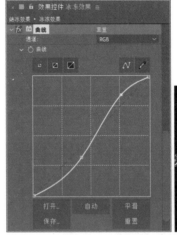

图 6.99

6.2.8 打造整体最终效果

1 将时间调整到 0:00:01:00 的位置，打开【冰冻文字】合成，在【项目】面板中，选中【结冰效果】合成，将其拖至时间轴面板中【裂开的冰.mp4】图层下方，选中【裂开的冰.mp4】图层，将其图层【模式】更改为【屏幕】，如图 6.100 所示。

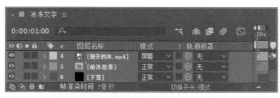

图 6.100

😊 **提示** 将时间调整到 0:00:01:00 的位置是为了更好地观察文字与冰块相结合时的视觉效果。

2️⃣ 在【项目】面板中选中【冰冻效果】素材，将其添加至【冰冻文字】合成时间轴面板中，如图 6.101 所示。

图 6.101

3️⃣ 选中【冰冻效果】图层，先在【效果和预设】面板中展开【扭曲】特效组，然后双击【CC Blobbylize（CC 融化）】特效。

4️⃣ 在【效果控件】面板中选择【Blob Layer（融化层）】为【5. 结冰效果】，将【Property（特性）】更改为 Alpha，将【Softness（柔化）】更改为 1.0，将【Cut Away（剪切）】更改为 1.0，如图 6.102 所示。

图 6.102

5️⃣ 选中【冰冻效果】图层，将其图层【模式】更改为【柔光】，如图 6.103 所示。

图 6.103

6️⃣ 选中【下雪】图层，按 Ctrl+D 组合键复制一个【下雪 2】新图层，将【下雪 2】图层移至所有图层上方，并将其图层【模式】更改为【屏幕】，如图 6.104 所示。

图 6.104

7 选中【下雪】图层，在【效果控件】面板中将【Size（大小）】更改为5.00，如图6.105所示。

图6.105

8 执行菜单栏中的【图层】|【新建】|【调整图层】命令，新建一个【调整图层1】图层，如图6.106所示。

图6.106

9 选中【调整图层1】图层，先在【效果和预设】面板中展开【颜色校正】特效组，然后双击【照片滤镜】特效。

10 在【效果控件】面板中将【滤镜】更改为【自定义】，将【颜色】更改为蓝色（R：0，G：198，B：255），如图6.107所示。

11 选中【背景】图层，先在【效果和预设】面板中展开【颜色校正】特效组，然后双击【曲线】

特效。

图6.107

12 在【效果控件】面板中拖动曲线，增强图像对比度，如图6.108所示。

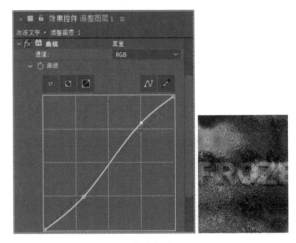

图6.108

13 这样就完成了最终整体效果的制作，按小键盘上的0键即可在合成窗口中预览动画。

6.3 课后上机实操

本章通过两个课后上机实操，对栏目Logo与标识动画进行更加深入的学习，以帮助读者熟练掌握这些特效动画的制作技巧。

6.3.1 上机实操 1——音乐电台片头动画设计

 实例解析

本例为音乐电台片头动画设计。该设计选取一个经过渲染的音乐节奏模型，通过对其进行调色并添加文字动画来表现漂亮的音乐电台主题风格。整个制作过程相对比较简单，最终效果如图 6.109 所示。

难易程度：★★★☆☆

工程文件：第 6 章 \ 音乐电台片头动画设计

图 6.109

 知识点

【色调】特效

轨道遮罩

【梯度渐变】特效

缩放动画

图层模式

图层蒙版

视频文件

6.3.2 上机实操 2——科幻栏目标志动画设计

 实例解析

本例为科幻栏目标志动画设计。本例的制作重点在于质感文字效果的实现，先通过为输入的文字添加质感纹理完成质感文字的制作，再将制作的质感文字添加至质感空间图像中即可完成整个动画设计。最终效果如图 6.110 所示。

难易程度：★★★☆☆

工程文件：第 6 章\科幻栏目标志动画设计

图 6.110

 知识点

【动态拼贴】特效

【曲线】特效

【分形杂色】特效

【CC Blobbylize（CC 融化）】特效

【发光】特效

【线性擦除】特效

视频文件

第 7 章

游戏动漫特效制作

内容摘要

本章主要讲解游戏动漫特效制作。游戏动漫特效同样是 After Effects 动画重要的组成部分，本章列举了穿越黑洞游戏开场制作、史诗游戏开场制作及武士游戏开场动画制作实例。通过对这些实例的学习，读者可以掌握游戏动漫特效制作的相关知识。

教学目标

◎ 学会武士游戏开场动画制作
◎ 了解史诗游戏开场制作过程
◎ 掌握穿越黑洞游戏开场制作技巧

7.1 武士游戏开场动画制作

实例解析

本例主要讲解武士游戏开场动画制作。该制作以漂亮的武士动画素材作为主视觉图像，通过添加碎片及粒子元素制作出漂亮的武士游戏开场动画效果。最终效果如图 7.1 所示。

难易程度：★★★★☆

工程文件：第 7 章 \ 武士游戏开场动画制作

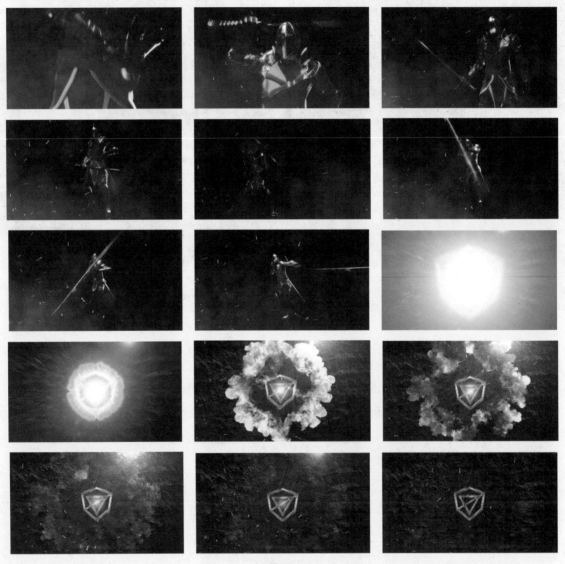

图 7.1

知识点

【曲线】特效

【动态拼贴】特效

【分形杂色】特效

【CC Blobbylize（CC 融化）】特效

【镜头光晕】特效

【CC Particle Wold（CC 粒子世界）】特效

视频文件

操作步骤

7.1.1 制作背景效果

1 执行菜单栏中的【合成】|【新建合成】命令，打开【合成设置】对话框，设置【合成名称】为"武士背景"，【宽度】为 720，【高度】为 405，【帧速率】为 25，并设置【持续时间】为0:00:10:00，【背景颜色】为黑色，完成之后单击【确定】按钮，如图 7.2 所示。

图 7.2

2 执行菜单栏中的【文件】|【导入】|【文件】命令，打开【导入文件】对话框，选择"标志.png""火焰.png""纹理贴图.jpg""岩石纹理.jpg"

"光.avi""火焰.avi""武士.avi""烟.avi"素材。导入素材，如图 7.3 所示。

图 7.3

3 在【项目】面板中选中【武士.avi】素材图像，将其拖至时间轴面板中并等比缩小，如图 7.4所示。

图 7.4

4 执行菜单栏中的【图层】|【新建】|【调整图层】命令，新建一个【调整图层1】图层。

5 选中【调整图层1】图层，先在【效果和预设】面板中展开【颜色校正】特效组，然后双击【曲线】特效。

6 在【效果控件】面板中拖动曲线，调整图像亮度，如图7.5所示。

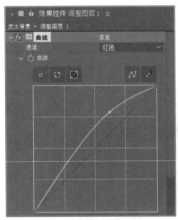

图 7.5

7 在【效果和预设】面板中展开【风格化】特效组，然后双击【发光】特效。

8 在【效果控件】面板中将【发光强度】更改为3.0，如图7.6所示。

图 7.6

9 选中【调整图层1】图层，将其图层【模式】更改为【柔光】，如图7.7所示。

图 7.7

7.1.2 添加云雾装饰

1 执行菜单栏中的【图层】|【新建】|【纯色】命令，在弹出的对话框中将【名称】更改为"烟雾"，将【颜色】更改为黑色，完成之后单击【确定】按钮。

2 选中【烟雾】图层，将其图层【模式】更改为【屏幕】，先在【效果和预设】面板中展开【杂色和颗粒】特效组，然后双击【分形杂色】特效。

3 在【效果控件】面板中将【不透明度】更改为20.0%，将【混合模式】更改为【滤色】，按住 Alt 键单击【演化】左侧码表 按钮，在当前位置添加表达式（time*100），如图7.8所示。

4 选中【烟雾】图层，先在【效果和预设】面板中展开【风格化】特效组，然后双击【动态拼贴】特效。

5 在【效果控件】面板中，选中【镜像边缘】及【水平位移】复选框，将时间调整到 0:00:00:00 的位置，单击【输出宽度】左侧码表 按钮，在当前位置添加关键帧，如图7.9所示。

6 将时间调整到 0:00:09:24 的位置，将【输出宽度】更改为 1000.0，系统将自动添加关键帧，如图7.10所示。

出位置动画，如图 7.11 所示。

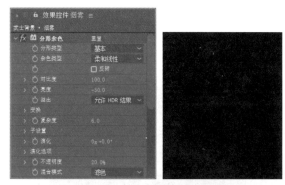

图 7.8

图 7.9

图 7.10

7　选中【烟雾】图层，将时间调整到 0:00:00:00 的位置，打开【位置】关键帧，单击【位置】左侧码表按钮，在当前位置添加关键帧。

8　将时间调整到 0:00:09:24 的位置，将图像向左侧平移拖动，系统将自动添加关键帧，制作

图 7.11

9　在【项目】面板中，将时间调整到 0:00:04:05 的位置，选中【火焰.png】素材，将其拖至当前时间轴面板中，并在图像中将其适当旋转，如图 7.12 所示。

图 7.12

 提示　将时间调整到 0:00:04:05 的位置，可以观察到武士舞剑的动作，在此帧画面下对火焰图像进行旋转可以有参考对象（确保火焰划过的角度与舞剑动作角度一致）。

10　选中【火焰.png】图层，先在【效果和预设】面板中展开【风格化】特效组，然后双击【发

光】特效。

11 在【效果控件】面板中将【发光强度】更改为2.0，将【发光操作】更改为【正常】，如图7.13所示。

图 7.13

12 选中【火焰.png】图层，在图像中将其向左上角方向拖动，如图7.14所示。

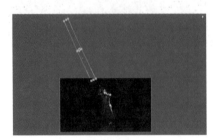

图 7.14

13 将时间调整到0:00:04:05的位置，打开【位置】关键帧，单击【位置】左侧码表 按钮，在当前位置添加关键帧。

14 将时间调整到0:00:04:11的位置，将图像向右下角方向拖动，系统将自动添加关键帧，制作出位置动画，如图7.15所示。

图 7.15

15 在【项目】面板中选中【火焰.png】素材，将其拖至时间轴面板中，并将其图层名称更改为"火焰2"，如图7.16所示。

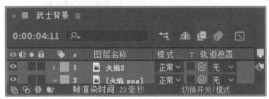

图 7.16

16 以同样的方法为【火焰2】图层中的图像制作位置动画，如图7.17所示。

17 以同样的方法在【项目】面板中选中【火焰.png】素材，将其添加至当前时间轴面板中，并以上文同样的方法为其制作位置动画，如图7.18所示。

图 7.17

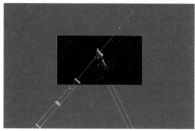

图 7.18

18 在【项目】面板中选中【烟.avi】素材，将其拖至当前时间轴面板中，并在图像中将其适当缩小，再将其图层【模式】更改为【屏幕】，如图 7.19 所示。

图 7.19

7.1.3 制作标志纹理

1 执行菜单栏中的【合成】|【新建合成】命令，打开【合成设置】对话框，设置【合成名称】为"标志纹理"，【宽度】为 720，【高度】为 405，【帧速率】为 25，并设置【持续时间】为 0:00:10:00，【背景颜色】为黑色，完成之后单击【确定】按钮，如图 7.20 所示。

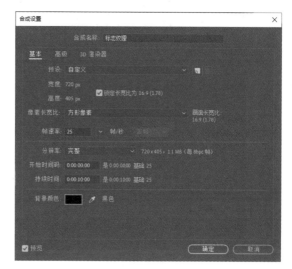

图 7.20

2 执行菜单栏中的【图层】|【新建】|【纯色】命令，在弹出的对话框中将【名称】更改为"底纹"，将【颜色】更改为黑色，完成之后单击【确定】按钮。

3 选中【底纹】图层，先在【效果和预设】面板中展开【杂色和颗粒】特效组，然后双击【分形杂色】特效。

4 在【效果控件】面板中展开【变换】选项组，将【缩放】更改为 30.0，将时间调整到 0:00:00:00 的位置，单击【偏移（湍流）】左侧码表 按钮，在当前位置添加关键帧，如图 7.21 所示。

5 将时间调整到 0:00:09:24 的位置，将【偏移（湍流）】更改为（450.0，202.5），系统将自动添加关键帧，如图 7.22 所示。

图 7.21

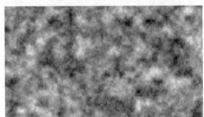

图 7.22

6 选中【底纹】图层,先在【效果和预设】面板中展开【模糊和锐化】特效组,然后双击【高斯模糊】特效。

7 在【效果控件】面板中,将【模糊度】更改为10.0,选中【重复边缘像素】复选框,如图 7.23 所示。

8 在【效果和预设】面板中展开【实用工具】特效组,然后双击【HDR 压缩扩展器】特效。

图 7.23

9 在【效果控件】面板中,将【增益】更改为 2.00,如图 7.24 所示。

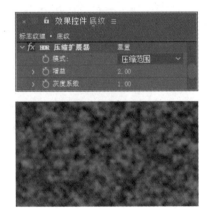

图 7.24

10 执行菜单栏中的【图层】|【新建】|【纯色】命令,在弹出的对话框中将【名称】更改为"格子图案",将【颜色】更改为黑色,完成之后单击【确定】按钮。

11 选中【格子图案】图层,先在【效果和预设】面板中展开【生成】特效组,然后双击【单元格图案】特效。

12 在【效果控件】面板中,将【单元格图案】更改为【晶体】,选中【反转】复选框,将【对比度】更改为300.00,将时间调整到0:00:00:00的位置,单击【偏移】左侧码表 按钮,在当前位置添加关键帧,如图 7.25 所示。

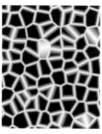

图 7.25

13 将时间调整到 0:00:09:24 的位置,将【偏移】更改为(450.0,202.5),系统将自动添加关键帧,如图 7.26 所示。

图 7.26

14 在【效果和预设】面板中展开【过时】特效组,然后双击【亮度键】特效。

15 在【效果控件】面板中,将【键控类型】更改为【抠出较暗区域】,将【阈值】更改为 214,将【羽化边缘】更改为 0.5,如图 7.27 所示。

图 7.27

16 在【效果和预设】面板中展开【模糊和锐化】特效组,然后双击【高斯模糊】特效。

17 在【效果控件】面板中,将【模糊度】更改为 13.0,如图 7.28 所示。

图 7.28

18 在【项目】面板中选中【纹理贴图.jpg】素材,将其拖至当前时间轴面板中,并将其图层【模式】更改为【屏幕】,如图 7.29 所示。

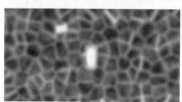

图 7.29

19 选中【纹理贴图.jpg】图层,这在【效果和预设】面板中展开【风格化】特效组,然后双击【动态拼贴】特效。

20 在【效果控件】面板中,将时间调整到 0:00:00:00 的位置,单击【拼贴中心】左侧码表 按钮,在当前位置添加关键帧,将【输出宽度】更改为 1200.0,将【输出高度】更改为 500.0,如图 7.30

所示。

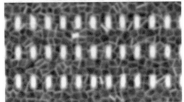

图 7.30

21 将时间调整到 0:00:09:24 的位置，将【拼贴中心】更改为（100.0，57.5），系统将自动添加关键帧，制作出动画效果，如图 7.31 所示。

图 7.31

7.1.4 打造质感标志

1 执行菜单栏中的【合成】|【新建合成】命令，打开【合成设置】对话框，设置【合成名称】为"质感标志"，【宽度】为 720，【高度】为 405，【帧速率】为 25，并设置【持续时间】为 0:00:10:00，【背景颜色】为黑色，完成之后单击【确定】按钮，如图 7.32 所示。

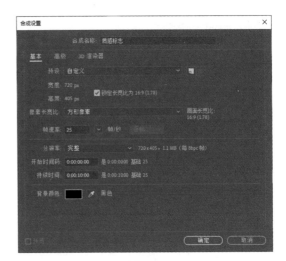

图 7.32

2 在【项目】面板中选中【标志.png】素材及【标志纹理】合成，将其拖至当前时间轴面板中，如图 7.33 所示。

图 7.33

3 选中【标志纹理】图层，在【效果和预设】面板中展开【扭曲】特效组，然后双击【CC Blobbylize（CC 融化）】特效。

4 在【效果控件】面板中，将【Blob Layer（融化层）】更改为【1. 标志.png】，将【Property（特性）】更改为 Alpha，将【Softness（柔化）】更改为 3.0，将【Cut Away（剪切）】更改为 50.0，如图 7.34 所示。

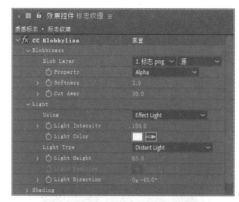

图 7.34

⑤ 将【标志.png】图层隐藏，如图 7.35 所示。

图 7.35

⑥ 切换到【武士背景】合成，在【项目】面板中选中【岩石纹理.jpg】素材，将其拖至当前时间轴面板中，如图 7.36 所示。

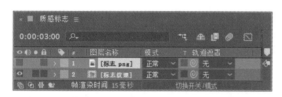

图 7.36

⑦ 选中【岩石纹理.jpg】图层，将时间调整到 0:00:06:15 的位置，打开【不透明度】关键帧，单击【不透明度】左侧码表按钮，在当前位置添

加关键帧，将其数值更改为 0%。

⑧ 将时间调整到 0:00:07:00 的位置，将【不透明度】更改为 100%，系统将自动添加关键帧，制作出不透明度动画，如图 7.37 所示。

图 7.37

⑨ 在【项目】面板中选中【质感标志】素材，将其拖至当前时间轴面板中。

⑩ 选中【烟.avi】图层，按 Ctrl+D 组合键复制一个【烟 2】新图层，并将【烟 2】图层移至【质感标志】图层下方，如图 7.38 所示。

图 7.38

⑪ 选中【质感标志】图层，将时间调整到 0:00:07:00 的位置，打开图层 3D 开关，再打开【位置】关键帧，单击【位置】左侧码表按钮，在当前位置添加关键帧，并将其数值更改为（360.0，202.5，−1000.0）。

⑫ 将时间调整到 0:00:07:10 的位置，将其数值更改为（360.0，202.5，0.0）；将时间调整到 0:00:08:00 的位置，将其数值更改为（360.0，202.5，100.0），制作出位置动画，如图 7.39 所示。

图 7.39

7.1.5 添加高光效果

1 执行菜单栏中的【图层】|【新建】|【纯色】命令,在弹出的对话框中将【名称】更改为"标志光",将【颜色】更改为黑色,完成之后单击【确定】按钮,将图层【模式】更改为【屏幕】,如图 7.40所示。

图 7.40

2 在【效果和预设】面板中展开【生成】特效组,然后双击【镜头光晕】特效。

3 在【效果控件】面板中,将【光晕中心】更改为(360.0,202.5),将【光晕亮度】更改为150%,将时间调整到 0:00:07:00 的位置,单击【光晕亮度】左侧码表按钮,在当前位置添加关键帧,如图 7.41 所示。

图 7.41

4 在【效果和预设】面板中展开【模糊和锐化】特效组,然后双击【高斯模糊】特效。

5 在【效果控件】面板中,将【模糊度】更改为 30.0,如图 7.42 所示。

图 7.42

6 将时间调整到 0:00:07:10 的位置,将【光晕亮度】更改为 80%,将时间调整到 0:00:09:24 的位置,将【光晕亮度】更改为 0%,系统将自动添加关键帧,如图 7.43 所示。

图 7.43

7 将时间调整到 0:00:07:00 的位置,选中【标志光】图层,先在【效果和预设】面板中展开【颜色校正】特效组,然后双击【色相/饱和度】特效。

8 在【效果控件】面板中选中【彩色化】复选框,将【着色色相】更改为(0x+20.0°),将【着色饱和度】更改为 60,如图 7.44 所示。

图 7.44

9 在【效果和预设】面板中展开【颜色校正】特效组，然后双击【曲线】特效。

10 在【效果控件】面板中调整曲线，提高图像亮度，如图 7.45 所示。

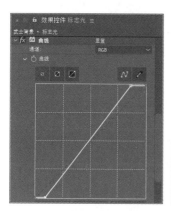

图 7.45

11 选中【标志光】图层，将时间调整到 0:00:06:15 的位置，打开【不透明度】关键帧，单击【不透明度】左侧码表 按钮，在当前位置添加关键帧，将其数值更改为 0%。

12 将时间调整到 0:00:07:00 的位置，将【不透明度】更改为 100%，系统将自动添加关键帧，制作出不透明度动画，如图 7.46 所示。

图 7.46

13 在【项目】面板中选中【火焰.avi】素材，将其拖至当前时间轴面板中，并在图像中将其适当缩小后移至【标志光】图层下方，将其图层【模式】更改为【屏幕】，并将其入点调整到 0:00:07:00 的位置，如图 7.47 所示。

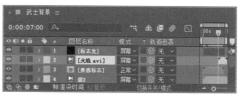

图 7.47

7.1.6 添加粒子效果

1 执行菜单栏中的【图层】|【新建】|【纯色】命令，在弹出的对话框中将【名称】更改为"粒子"，将【颜色】更改为黑色，完成之后单击【确定】按钮。

2 选中【粒子】图层，先在【效果和预设】面板中展开【模拟】特效组，然后双击【CC Particle Wold（CC 粒子世界）】特效。

3 在【效果控件】面板中，将【Birth Rate（出生率）】更改为 0.5，将【Longevity (sec)（寿命）】更改为 3.00，如图 7.48 所示。

图 7.48

4 展开【Producer（发生器）】选项组，将

【Position X（X轴位置）】更改为−0.60，将【Position Y（Y轴位置）】更改为0.36，将【Radius X（X轴半径）】更改为1.000，将【Radius Y（Y轴半径）】更改为0.400，将【Radius Z（Z轴半径）】更改为1.000，如图7.49所示。

图 7.49

5 展开【Physics（物理学）】选项组，将【Animation（动画）】更改为【Twirl（扭转）】，将【Gravity（重力）】更改为0.050，将【Extra（额外）】更改为1.20，将【Extra Angle（额外角度）】更改为（0x+210.0°）。

6 展开【Direction Axis（方向轴）】选项组，将【Axis X（X轴）】更改为0.130。

7 展开【Gravity Vector（重力矢量）】选项组，将【Gravity X（X轴重力）】更改为0.130，将【Gravity Y（Y轴重力）】更改为0.000，如图7.50所示。

图 7.50

8 展开【Particle（粒子）】选项组，将【Particle Type（粒子类型）】更改为【Faded Sphere

（衰减球）】，将【Birth Size（出生大小）】更改为0.120，将【Death Size（消逝大小）】更改为0.000，将【Max Opacity（最大不透明度）】更改为100.0%，如图7.51所示。

图 7.51

9 在【效果和预设】面板中展开【模糊和锐化】特效组，然后双击【高斯模糊】特效。

10 在【效果控件】面板中修改【高斯模糊】特效的参数，设置【模糊度】为2.0，如图7.52所示。

图 7.52

11 选中【粒子】图层，按 Ctrl+D 组合键复制一个图层，将复制的粒子图层名称更改为【粒子2】，再将其图层【模式】更改为【相加】，在【效果控件】面板中展开【Particle（粒子）】选项组，将【Particle Type（粒子类型）】更改为【Motion

Polygon（运动多边形）】，如图 7.53 所示。

图 7.53

7.1.7 添加光效

1 执行菜单栏中的【图层】|【新建】|【纯色】命令，在弹出的对话框中将【名称】更改为"顶部发光"，将【颜色】更改为黑色，完成之后单击【确定】按钮。

2 选中【顶部发光】图层，将其图层【模式】更改为【相加】，如图 7.54 所示。

图 7.54

3 选中【顶部发光】图层，先在【效果和预设】面板中展开【生成】特效组，然后双击【镜头光晕】特效。

4 在【效果控件】面板中，修改【镜头光晕】特效的参数，设置【光晕中心】为（500.0，-20.0），【光晕亮度】为120%，【镜头类型】为【105毫米定焦】，如图 7.55 所示。

图 7.55

5 选中【顶部发光】图层，先在【效果和预设】面板中展开【颜色校正】特效组，然后双击【曲线】特效。

6 在【效果控件】面板中选择不同颜色通道，拖动曲线，调整图像中发光颜色，如图 7.56 所示。

图 7.56

7 选中【顶部发光】图层，先在【效果和预设】面板中展开【模糊和锐化】特效组，然后双击【高斯模糊】特效。

8 在【效果控件】面板中将【模糊度】更改为10.0，如图7.57所示。

图 7.57

9 选中【顶部发光】图层，将时间调整到0:00:07:00的位置，将【光晕亮度】更改为0%，并单击其左侧码表 ⊙ 按钮，在当前位置添加关键帧，如图7.58所示。

图 7.58

10 选中【顶部发光】图层，将时间调整到0:00:07:10的位置，将【光晕亮度】更改为120%，系统将自动添加关键帧，如图7.59所示。

11 将时间调整到0:00:09:00的位置，单击【光晕亮度】左侧【在当前时间添加或移除关键帧】 ⊙ 图标，为其添加一个延时帧；将时间调整到0:00:09:24的位置，将【光晕亮度】更改为0%，系统将自动添加关键帧，如图7.60所示。

图 7.59

图 7.60

12 执行菜单栏中的【图层】|【新建】|【调整图层】命令，新建一个【调整图层2】图层，将时间调整到0:00:07:00的位置，按[键设置当前图层入点，如图7.61所示。

图 7.61

13 在【效果和预设】面板中展开【模糊和锐化】特效组，然后双击【径向模糊】特效。

14 在【效果控件】面板中，修改【径向模糊】特效的参数，设置【数量】为30.0，【类型】为【缩放】，【消除锯齿】为【高】，将时间调整到0:00:07:00的位置，单击【数量】左侧码表 ⊙ 按钮，如图7.62所示。

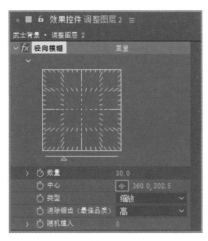

图 7.62

图 7.63

15 将时间调整到 0:00:08:00 的位置,将【数量】更改为 0.0,系统将自动添加关键帧,如图 7.63 所示。

16 这样就完成了最终整体效果的制作,按小键盘上的 0 键即可在合成窗口中预览动画。

7.2 史诗游戏开场制作

 实例解析

本例主要讲解史诗游戏开场制作。该制作以表现游戏的主题特征为重点,通过制作火焰文字并添加游戏画面过渡动画,呈现出非常震撼的整体视觉效果。最终效果如图 7.64 所示。

难易程度:★★★☆☆
工程文件:第7章\史诗游戏开场制作

图 7.64

知识点

【湍流置换】特效
【色光】特效
【镜头光晕】特效
轨道遮罩的应用

视频文件

操作步骤

7.2.1 添加文字信息

① 执行菜单栏中的【合成】|【新建合成】命令，打开【合成设置】对话框，设置【合成名称】为"文字"，【宽度】为720，【高度】为405，【帧速率】为25，并设置【持续时间】为0:00:10:00，【背景颜色】为黑色，完成之后单击【确定】按钮，如图7.65所示。

图 7.65

② 执行菜单栏中的【文件】|【导入】|【文件】命令，打开【导入文件】对话框，选择"标志.png"

"过渡画面.jpg"素材。导入素材，如图7.66所示。

图 7.66

③ 选择工具栏中的【横排文字工具】T，在图像中输入文字（字体为 Britannic Bold），如图7.67所示。

图 7.67

7.2.2 制作动态纹理

① 执行菜单栏中的【合成】|【新建合成】命令，打开【合成设置】对话框，设置【合成名称】为"分形纹理"，【宽度】为720，【高度】

为 405，【帧速率】为 25，并设置【持续时间】为 0:00:10:00，【背景颜色】为黑色，完成之后单击【确定】按钮，如图 7.68 所示。

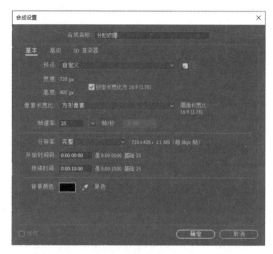

图 7.68

2 执行菜单栏中的【图层】|【新建】|【纯色】命令，在弹出的对话框中将【名称】更改为"纹理"，将【颜色】更改为黑色，完成之后单击【确定】按钮。

3 选中【纹理】图层，先在【效果和预设】面板中展开【杂色和颗粒】特效组，然后双击【分形杂色】特效。

4 在【效果控件】面板中，将【分形类型】更改为【动态】，将【杂色类型】更改为【柔和线性】，选中【反转】复选框，如图 7.69 所示。

图 7.69

5 展开【变换】选项组，将【缩放】更改为 50；展开【子设置】选项组，将【子缩放】更改为 50.0，将时间调整到 0:00:00:00 的位置，单击

【子位移】左侧码表◎按钮，在当前位置添加关键帧，如图 7.70 所示。

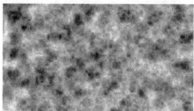

图 7.70

6 单击【演化】左侧码表◎按钮，在当前位置添加关键帧。

7 将时间调整到 0:00:09:24 的位置，将【子位移】更改为（0.0，150.0），将【演化】更改为（3x+0.0°），系统将自动添加关键帧，如图 7.71 所示。

图 7.71

7.2.3 制作火焰文字

1 执行菜单栏中的【合成】|【新建合成】命令，打开【合成设置】对话框，设置【合成名称】为"火焰文字"，【宽度】为 720，【高度】为 405，【帧速率】为 25，并设置【持续时间】为

0:00:10:00,【背景颜色】为黑色，完成之后单击【确定】按钮，如图 7.72 所示。

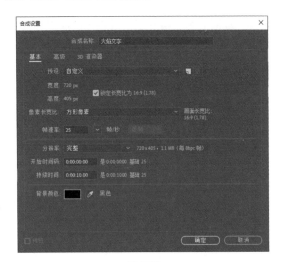

图 7.72

2 执行菜单栏中的【图层】|【新建】|【纯色】命令，在弹出的对话框中将【名称】更改为"背景"，将【颜色】更改为黑色，完成之后单击【确定】按钮。

3 选中【背景】图层，按 Ctrl+D 组合键复制一个新图层，并将新图层重命名为"烟雾"，如图 7.73 所示。

图 7.73

4 选中【烟雾】图层，先在【效果和预设】面板中展开【杂色和颗粒】特效组，然后双击【分形杂色】特效。

5 在【效果控件】面板中将【亮度】更改为 −30.0，如图 7.74 所示。按住 Alt 键单击【演化】左侧码表，在时间轴面板中输入表达式（time*100），并在时间线面板中修改【烟雾】层的【不透明度】为 10%。

图 7.74

7.2.4 打造火焰文字

1 在【项目】面板中同时选中【分形纹理】及【文字】合成，将其添加至【火焰文字】合成时间轴面板中，并将【分形纹理】图层暂时隐藏，如图 7.75 所示。

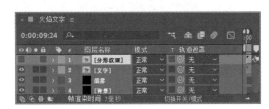

图 7.75

2 选中【文字】图层，先在【效果和预设】面板中展开【扭曲】特效组，然后双击【置换图】特效。

3 在【效果控件】面板中，将【置换图层】更改为【1. 分形纹理】，将【最大水平置换】更改为 3.0，如图 7.76 所示。

图 7.76

4 选中【文字】图层，先在【效果和预设】面板中展开【模糊和锐化】特效组，然后双击【复合模糊】特效。

5 在【效果控件】面板中将【模糊图层】更改为【1.分形纹理】，将【最大模糊】更改为5.0，如图7.77所示。

图 7.77

6 选中【文字】图层，执行菜单栏中的【图层】|【新建】|【调整图层】命令，新建一个【调整图层 1】图层，如图7.78所示。

图 7.78

> 提示 在新建图层过程中，选中某个图层进行新建，新建的图层将会自动排列到当前图层的上方。

7 选中【调整图层 1】图层，先在【效果和预设】面板中展开【模糊和锐化】特效组，然后双击【高斯模糊】特效。

8 在【效果控件】面板中将【模糊度】的值更改为40.0，选中【重复边缘像素】复选框，如图7.79所示。

图 7.79

9 选中【调整图层 1】图层，先在【效果和预设】面板中展开【模糊和锐化】特效组，然后双击【CC Vector Blur（CC 矢量模糊）】特效。

10 在【效果控件】面板中，将【Type（类型）】更改为【Direction Fading（方向衰减）】，将【Amount（数量）】更改为150.0，将【Angle offset（角度偏移）】更改为（0x+200.0°），将【Vector Map（矢量地图）】更改为【5. 背景】，如图7.80所示。

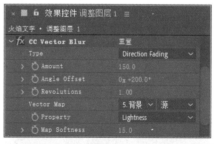

图 7.80

11 选中【调整图层 1】图层，先在【效果和预设】面板中展开【杂色和颗粒】特效组，然后双击【分形杂色】特效。

12 在【效果控件】面板中，将【对比度】更改为 75.0，将【亮度】更改为 40.0，如图 7.81 所示。

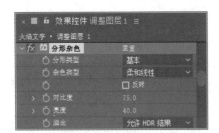

图 7.81

13 展开【变换】选项组，将时间调整到 0:00:00:00 的位置，单击【偏移（湍流）】左侧码表💠按钮，在当前位置添加关键帧，如图 7.82 所示。

图 7.82

14 将时间调整到 0:00:09:24 的位置，将【偏移（湍流）】更改为（445.0，160.0），系统将自动添加关键帧，如图 7.83 所示。

图 7.83

15 将【混合模式】更改为【颜色加深】，如图 7.84 所示。

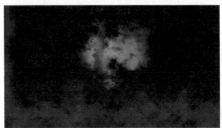

图 7.84

7.2.5 调整火焰效果

1 选中【调整图层 1】图层，先在【效果和预设】面板中展开【扭曲】特效组，然后双击【湍流置换】特效。

2 在【效果控件】面板中，将【置换】更改为【扭转较平滑】，将时间调整到 0:00:00:00 的位置，单击【偏移（湍流）】左侧码表💠按钮，在当前位置添加关键帧，如图 7.85 所示。

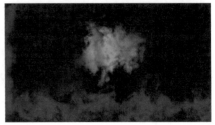

图 7.85

3 将时间调整到 0:00:09:24 的位置，将【偏移（湍流）】更改为（450.0，150.0），系统将自动添加关键帧，如图 7.86 所示。

图 7.86

4 选中【文字】图层，按 Ctrl+D 组合键复制一个【文字 2】新图层，并将【文字 2】图层移至所有图层上方后隐藏，如图 7.87 所示。

图 7.87

5 选择工具栏中的【椭圆工具】，选中【调整图层 1】图层，在图像中绘制一个椭圆蒙版，将部分图像隐藏，如图 7.88 所示。

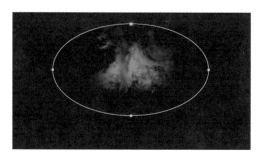

图 7.88

6 按 F 键打开【蒙版羽化】属性，将【蒙版羽化】更改为（100.0，100.0），如图 7.89 所示。

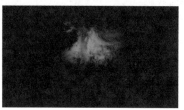

图 7.89

7.2.6 打造出火焰动画

1 选中【分形纹理】图层，将其显示，先在【效果和预设】面板中展开【扭曲】特效组，然后双击【置换图】特效。

2 在【效果控件】面板中将【置换图层】更改为【1. 文字 2】【效果和蒙版】，将【最大水平置换】更改为 100.0，将【最大垂直置换】更改为 100.0，如图 7.90 所示。

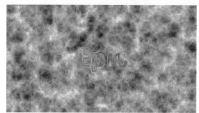

图 7.90

3 选中【分形纹理】图层，将其图层【模式】更改为【叠加】，选中【调整图层 1】图层，将其图层【模式】更改为【排除】，如图 7.91 所示。

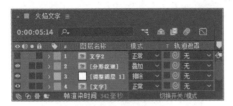

图 7.91

4 执行菜单栏中的【图层】|【新建】|【调整图层】命令，新建一个【调整图层 2】图层。

5 选中【调整图层 2】图层，先在【效果和预设】面板中展开【颜色校正】特效组，然后双击【色光】特效。

6 在【效果控件】面板中展开【输出循环】选项组，将【使用预设调板】更改为【火焰】，在面板底部将【与原始图像混合】更改为 20%，如图 7.92 所示。

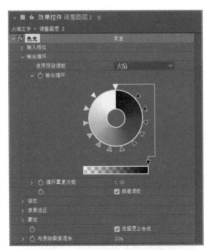

图 7.92

7 选择工具栏中的【椭圆工具】，选中【调整图层 2】图层，在图像中绘制一个椭圆蒙版，将部分图像隐藏，如图 7.93 所示。

图 7.93

8 按 F 键打开【蒙版羽化】属性，将【蒙版羽化】更改为（200.0，200.0），如图 7.94 所示。

图 7.94

7.2.7 制作整体火焰文字动画

1 执行菜单栏中的【合成】|【新建合成】命令，打开【合成设置】对话框，设置【合成名称】为"火焰文字动画"，【宽度】为 720，【高度】为 405，【帧速率】为 25，并设置【持续时间】为 0:00:10:00，【背景颜色】为黑色，完成之后单击【确定】按钮，如图 7.95 所示。

2 在【项目】面板中，选中【火焰文字】合成，将其拖至当前时间轴面板中，在该图层上单击鼠标右键，从弹出的菜单中执行【时间】|【时间反向图层】

命令，如图 7.96 所示。

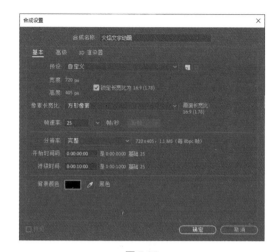

图 7.95

图 7.96

③ 选中【火焰文字】图层，将时间调整到
0:00:03:00 的位置，打开【不透明度】关键帧，单击
【不透明度】左侧码表◎按钮，在当前位置添加关
键帧。

④ 将时间调整到 0:00:05:00 的位置，将【不
透明度】更改为 0%，系统将自动添加关键帧，制
作出不透明度动画，如图 7.97 所示。

图 7.97

⑤ 在【项目】面板中，选中【过渡画面.jpg】
素材图像，将其拖至当前时间轴面板中，并移至【火
焰文字】图层下方后等比缩小，如图 7.98 所示。

图 7.98

⑥ 选中【过渡画面.jpg】素材图像，在图像
中将其向右侧平移，如图 7.99 所示。

图 7.99

⑦ 选中【过渡画面.jpg】图层，将时间调整
到 0:00:03:00 的位置，打开【位置】关键帧，单击
【位置】左侧码表◎按钮，在当前位置添加关键帧。

⑧ 将时间调整到 0:00:09:00 的位置，将图
像向左侧平移拖动，系统将自动添加关键帧，制作
出位置动画，如图 7.100 所示。

图 7.100

⑨ 选中【过渡画面.jpg】图层，将时间调整
到 0:00:03:00 的位置，打开【不透明度】关键帧，
单击【不透明度】左侧码表◎按钮，在当前位置添
加关键帧，将其数值更改为 0%。

10 将时间调整到 0:00:06:00 的位置，将【不透明度】更改为 100%，系统将自动添加关键帧；将时间调整到 0:00:07:00 的位置，单击【在当前时间添加或移除关键帧】◎图标；将时间调整到 0:00:08:00 的位置，将【不透明度】更改为 0%，制作出不透明度动画，如图 7.101 所示。

图 7.101

11 在【项目】面板中选中【标志.png】素材图像，将其拖至当前时间轴面板中，如图 7.102 所示。

图 7.102

12 选中【标志.png】图层，将时间调整到 0:00:07:00 的位置，打开【不透明度】关键帧，单击【不透明度】左侧码表◎按钮，在当前位置添加关键帧，将其数值更改为 0%。

13 将时间调整到 0:00:08:00 的位置，将【不透明度】更改为 100%，系统将自动添加关键帧，制作出不透明度动画，如图 7.103 所示。

图 7.103

14 选择工具栏中的【矩形工具】■，绘制一个矩形，设置矩形【填充】为白色，【描边】为无，并将绘制的矩形适当旋转，如图 7.104 所示。

图 7.104

15 选中【形状图层 1】图层，在图像中将其适当移动，再将时间调整到 0:00:08:00 的位置，打开【位置】关键帧，单击【位置】左侧码表◎按钮，在当前位置添加关键帧。

16 将时间调整到 0:00:09:00 的位置，将图形向右侧平移拖动，系统将自动添加关键帧，制作出位置动画，如图 7.105 所示。

图 7.105

17 选中【标志.png】图层，按 Ctrl+D 组合键复制一个【标志 2】新图层，并将【标志 2】图层移至【形状图层 1】图层上方。

18 选中【形状图层 1】图层，将其图层【轨道遮罩】更改为【1.标志 2】，再将其图层【模式】更改为【柔光】，如图 7.106 所示。

图 7.106

提示 在设置图层轨道遮罩时，可将时间调整至 0:00:08:14 左右的位置，这样方便观察设置后的效果。

19 选择工具栏中的【横排文字工具】 T ，在图像中输入文字（字体为 Bahnschrift），如图 7.107 所示。

20 选择工具栏中的【矩形工具】 ■ ，选中【文字】图层，在文字下方绘制一个矩形蒙版，将部分文字隐藏，如图 7.108 所示。

图 7.107   图 7.108

21 将时间调整到 0:00:08:00 的位置，选中【文字】图层，将其展开，单击【蒙版】|【蒙版 1】|【蒙版路径】左侧码表 ⊙ 按钮，在当前位置添加关键帧。

22 将时间调整到 0:00:09:00 的位置，同时选中蒙版左上角和右上角锚点向上方拖动，系统将自动添加关键帧，如图 7.109 所示。

图 7.109

7.2.8 添加镜头光晕效果

1 执行菜单栏中的【图层】|【新建】|【纯色】命令，在弹出的对话框中将【名称】更改为"光晕"，将【颜色】更改为黑色，完成之后单击【确定】按钮。

2 选中【光晕】图层，先在【效果和预设】面板中展开【生成】特效组，然后双击【镜头光晕】特效。

3 在【效果控件】面板中，将【光晕中心】更改为（0.0, 0.0），将时间调整到 0:00:00:00 的位置，单击【光晕中心】左侧码表 ⊙ 按钮，在当前位置添加关键帧，将【镜头类型】更改为【105 毫米定焦】，如图 7.110 所示。

4 将时间调整到 0:00:09:24 的位置，将【光晕中心】更改为（744.0, 0.0），系统将自动添加关键帧，如图 7.111 所示。

5 选中【光晕】图层，将其图层【模式】更改为【屏幕】，如图 7.112 所示。

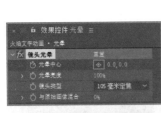

图 7.110

图 7.111

图 7.112

定】按钮，如图 7.114 所示。

图 7.113

图 7.114

6 选中【光晕】图层，先在【效果和预设】面板中展开【颜色校正】特效组，然后双击【色调】特效。

7 在【效果控件】面板中，将【将白色映射到】更改为红色（R：255，G：84，B：0），将【着色数量】更改为 60.0%，如图 7.113 所示。

8 执行菜单栏中的【图层】|【新建】|【纯色】命令，在弹出的对话框中将【名称】更改为"边框"，将【颜色】更改为黑色，完成之后单击【确

9 选择工具栏中的【矩形工具】■，选中【边框】图层，在图像中绘制一个矩形蒙版路径，将部分黑色隐藏，制作出边框效果，如图 7.115 所示。

图 7.115

10 这样就完成了最终整体效果的制作，按小键盘上的 0 键即可在合成窗口中预览动画。

7.3 穿越黑洞游戏开场制作

实例解析

本例主要讲解穿越黑洞游戏开场制作。本例将漂亮的太空场景与飞船图像相结合，通过添加装饰元素使整个游戏开场画面非常惊艳。最终效果如图 7.116 所示。

难易程度：★★★★☆

工程文件：第 7 章 \ 穿越黑洞游戏开场制作

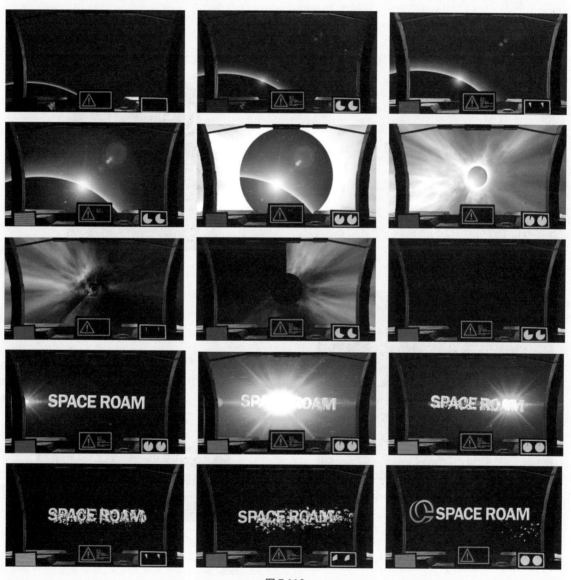

图 7.116

知识点

【CC Particle World（CC 粒子世界）】特效

【投影】特效

【镜头光晕】特效

【发光】特效

【径向擦除】特效

【Shine（光）】特效

视频文件

操作步骤

7.3.1 制作背景效果

1 执行菜单栏中的【合成】|【新建合成】命令，打开【合成设置】对话框，设置【合成名称】为"太空场景"，【宽度】为 720，【高度】为 405，【帧速率】为 25，并设置【持续时间】为 0:00:20:00，【背景颜色】为黑色，完成之后单击【确定】按钮，如图 7.117 所示。

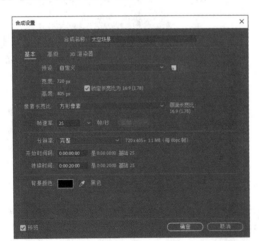

图 7.117

2 执行菜单栏中的【文件】|【导入】|【文件】命令，打开【导入文件】对话框，选择"标志.png""警示符号.png""飞船.avi""飞船蒙版.avi"

"炫光.avi"素材。导入素材，如图 7.118 所示。

图 7.118

3 执行菜单栏中的【图层】|【新建】|【纯色】命令，在弹出的对话框中将【名称】更改为"星座"，将【颜色】更改为深蓝色（R：0，G：8，B：2），完成之后单击【确定】按钮。

4 选中【星空】图层，按 Ctrl+D 组合键复制一个新图层，将复制生成的图层名称更改为"星星"，如图 7.119 所示。

图 7.119

5 选中【星星】图层，先在【效果和预设】面板中展开【模拟】特效组，然后双击【CC Particle

World（CC 粒子世界）】特效。

⑥ 在【效果控件】面板中，将【Birth Rate（出生率）】更改为 200.0，将【Longevity（寿命）】更改为 1.00，如图 7.120 所示。

图 7.120

⑦ 展开【Producer（发生器）】选项组，将【Radius X（X 轴半径）】更改为 3.000，将【Radius Y（Y 轴半径）】更改为 2.000，将【Radius Z（Z 轴半径）】更改为 1.000，展开【Physics（物理学）】选项组，将【Animation（动画）】更改为【Viscouse（黏性的）】，将【Velocity（速度）】更改为 0.05，将【Gravity（重力）】更改为 0.000，如图 7.121 所示。

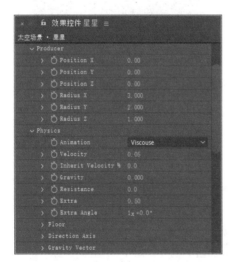

图 7.121

⑧ 展开【Particle（粒子）】选项组，将【Partilcle Type（粒子）】类型更改为【Faded Sphere（衰减球）】，将【Birth Size（出生大小）】更改为 0.020，将【Death Size（消逝大小）】更改为 0.030，将【Birth Color（出生颜色）】更改为浅蓝色（R：192，G：222，B：255），将【Death

Color（消逝颜色）】更改为青色（R：0，G：216，B：255），如图 7.122 所示。

图 7.122

⑨ 选择工具栏中的【椭圆工具】 ，在图像左下角位置绘制一个椭圆，设置【填充】为黑色，【描边】为【无】，将生成一个【形状图层 1】图层，如图 7.123 所示。

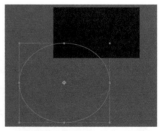

图 7.123

10 选中【形状图层 1】图层，先在【效果和预设】面板中展开【透视】特效组，然后双击【投影】特效。

11 在【效果控件】面板中，将【阴影颜色】更改为白色，将时间调整到 0:00:00:00 的位置，将【方向】更改为（0x+40.0°），将【距离】更改为 0.0，将【柔和度】更改为 20.0，分别单击【距离】及【柔和度】左侧码表⏱按钮，在当前位置添加关键帧，如图 7.124 所示。

图 7.124

12 将时间调整到 0:00:10:00 的位置，将【距离】更改为 10.0，将【柔和度】更改为 50.0，系统将自动添加关键帧，制作出白色发光动画效果，如图 7.125 所示。

图 7.125

13 在【效果和预设】面板中展开【透视】特效组，双击【投影】特效。

14 在【效果控件】面板中，将【阴影颜色】更改为青色（R：0，G：162，B：255），将时间调整到 0:00:00:00 的位置，将【距离】更改为 3.0，将【柔和度】更改为 10.0，分别单击【距离】及【柔和度】左侧码表⏱按钮，在当前位置添加关键帧，如图 7.126 所示。

图 7.126

15 将时间调整到 0:00:10:00 的位置，将【距离】更改为 20.0，将【柔和度】更改为 200.0，系统将自动添加关键帧，制作出蓝色发光动画效果，如图 7.127 所示。

图 7.127

16 选中【形状图层1】图层，将时间调整到0:00:00:00的位置，打开【位置】关键帧，单击【位置】左侧码表⊙按钮，在当前位置添加关键帧。

17 将时间调整到0:00:10:00的位置，将图形向右上角方向拖动，系统将自动添加关键帧，制作出位置动画，如图7.128所示。

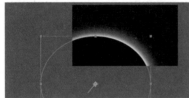

图7.128

18 适当调整【形状图层1】图层中图形的运动轨迹，如图7.129所示。

图7.129

19 执行菜单栏中的【图层】|【新建】|【纯色】命令，在弹出的对话框中将【名称】更改为"炫光"，将【颜色】更改为深蓝色（R：0，G：8，B：2），完成之后单击【确定】按钮，并将其图层【模式】更改为【屏幕】，如图7.130所示。

图7.130

20 在【效果和预设】面板中展开【生成】特效组，双击【镜头光晕】特效。

21 在【效果控件】面板中，将【光晕中心】更改为（225.0，300.0），将【光晕亮度】更改为0%，将时间调整到0:00:00:00的位置，分别单击【光晕中心】及【光晕亮度】左侧码表⊙按钮，在当前位置添加关键帧，将【镜头类型】更改为【105毫米定焦】，如图7.131所示。

图7.131

22 将时间调整到0:00:05:00的位置，将【光晕亮度】更改为20%；将时间调整到0:00:10:00的位置，将【光晕中心】更改为（328.0，236.0），将【光晕亮度】更改为100%，系统将自动添加关键帧，如图7.132所示。

图7.132

23 在【效果和预设】面板中展开【颜色校正】特效组，然后双击【色相/饱和度】特效。

24 在【效果控件】面板中选中【彩色化】复选框，将【着色色相】更改为（0x+200.0°），将【着色饱和度】更改为 25，如图 7.133 所示。

图 7.133

（25）在【效果和预设】面板中展开【颜色校正】特效组，然后双击【曲线】特效。

（26）在【效果控件】面板中拖动曲线，增长图像亮度，如图 7.134 所示。

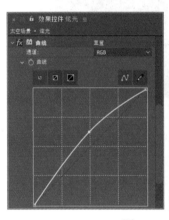

图 7.134

7.3.2　添加流星动画效果

（1）执行菜单栏中的【图层】|【新建】|【纯色】命令，在弹出的对话框中将【名称】更改为"流星"，将【颜色】更改为黑色，完成之后单击【确定】按钮。

（2）在【效果和预设】面板中展开【模拟】特效组，然后双击【CC Particle World（CC 粒子世界）】特效。

（3）在【效果控件】面板中，将【Birth Rate（出生率）】更改为 1.0，将【Longevity（寿命）】更改为 0.50，如图 7.135 所示。

图 7.135

（4）展开【Producer（发生器）】选项组，将【Radius X（X 轴半径）】更改为 3.000，将【Radius Y（Y 轴半径）】更改为 3.000，将【Radius Z（Z 轴半径）】更改为 3.000；展开【Physics（物理学）】选项组，将【Animation（动画）】更改为 Viscouse（黏性的），将【Velocity（速度）】更改为 0.50，将【Gravity（重力）】更改为 1.000；展开【Gravity Vector（重力矢量）】选项组，将【Gravity X（X 轴重力）】更改为 1.000，将【Gravity Y（Y 轴重力）】更改为 0.000，将【Gravity Z（Z 轴重力）】更改为 0.000，如图 7.136 所示。

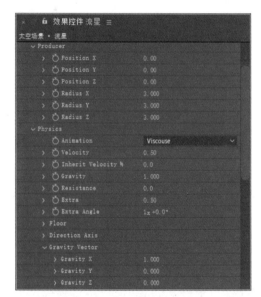

图 7.136

（5）展开【Particle（粒子）】选项组，将【Birth Color（出生颜色）】更改为白色，将【Death Color（死亡颜色）】更改为淡蓝色（R：226，G：245，B：

255），如图 7.137 所示。

图 7.137

6 选中【流星】图层，将其图层【模式】更改为【叠加】，如图 7.138 所示。

图 7.138

 提示 更改流星图层模式，可以使流星动画在图像中有明暗过渡的效果。

7.3.3 添加扫描效果

1 执行菜单栏中的【合成】|【新建合成】命令，打开【合成设置】对话框，设置【合成名称】为"扫描"，【宽度】为 720，【高度】为 405，【帧速率】为 25，并设置【持续时间】为 0:00:20:00，【背景颜色】为黑色，完成之后单击【确定】按钮，如图 7.139 所示。

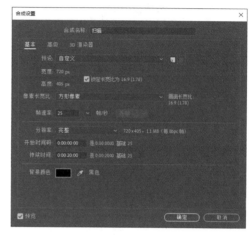

图 7.139

2 选择工具栏中的【矩形工具】■，绘制一个细长矩形，设置矩形【填充】为青色（R：0，G：222，B：255），【描边】为无，将绘制的矩形向顶部移动，移出图像之外，如图 7.140 所示。

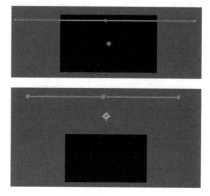

图 7.140

3 选中【形状图层 1】图层，将其展开，单击添加: ●按钮，在弹出的下拉列表中选择【中继器】选项。

4 依次展开【内容】|【中继器1】，将【副本】更改为0.0，展开【变换】|【中继器1】，将【位置】更改为（0.0，60.0），将时间调整到0:00:00:00的位置，分别单击【副本】及【位置】左侧码表按钮，在当前位置添加关键帧，如图7.141所示。

图 7.141

5 将时间调整到0:00:10:00的位置，将【副本】更改为50.0，将【位置】更改为（0.0，17.0），系统将自动添加关键帧，如图7.142所示。

图 7.142

6 选中【形状图层1】图层，先在【效果和预设】面板中展开【风格化】特效组，然后双击【发光】特效。

7 在【效果控件】面板中，将【发光半径】更改为20.0，将【发光操作】更改为【无】，如图7.143所示。

图 7.143

7.3.4 制作雷达效果

1 执行菜单栏中的【合成】|【新建合成】命令，打开【合成设置】对话框，设置【合成名称】为"雷达"，【宽度】为200，【高度】为200，【帧速率】为25，并设置【持续时间】为0:00:20:00，【背景颜色】为黑色，完成之后单击【确定】按钮，如图7.144所示。

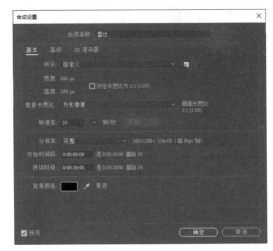

图 7.144

2 选择工具栏中的【椭圆工具】，按住Shift+Ctrl 组合键绘制一个正圆，设置【填充】为青色（R：0，G：222，B：255），【描边】为无，将生成一个【形状图层1】图层，如图 7.145 所示。

图 7.145

3 选中【形状图层1】图层，先在【效果和预设】面板中展开【过渡】特效组，然后双击【径向擦除】特效。

4 在【效果控件】面板中，将【过渡完成】更改为 100%，将时间调整到 0:00:00:00 的位置，单击【过渡完成】左侧码表按钮，在当前位置添加关键帧，如图 7.146 所示。

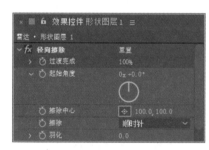

图 7.146

5 将时间调整到 0:00:05:00 的位置，将【过渡完成】更改为 0%，系统将自动添加关键帧，如图 7.147 所示。

图 7.147

6 选中【形状图层1】图层，按 Ctrl+D 组合键复制一个【形状图层2】新图层。

7 将时间调整到 0:00:05:00 的位置，选中【形状图层2】图层，按 [键设置图层动画入点，再选中【形状图层1】图层，按 Alt+] 键设置动画出点，如图 7.148 所示。

图 7.148

8 以同样的方法将图层再复制两份，并为相应图层设置出点或入点，制作类似动画效果，如图 7.149 所示。

图 7.149

7.3.5 添加警示动画

1 执行菜单栏中的【合成】|【新建合成】命令，打开【合成设置】对话框，设置【合成名称】为"警示动画"，【宽度】为 200，【高度】为 113，【帧速率】为 25，并设置【持续时间】为0:00:20:00，【背景颜色】为黑色，完成之后单击【确定】按钮，如图 7.150 所示。

2 执行菜单栏中的【图层】|【新建】|【纯色】命令，在弹出的对话框中将【名称】更改为"黑色背景"，将【颜色】更改为黑色，完成之后单击

【确定】按钮。

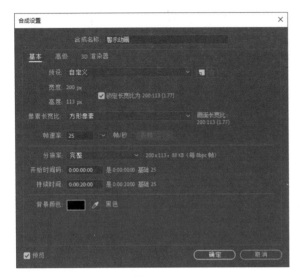

图 7.150

3 选择工具栏中的【矩形工具】▦，绘制一个矩形，设置矩形【填充】为无，【描边】为青色（R：0，G：222，B：255），【描边宽度】为2，将生成一个【形状图层 1】图层，如图 7.151 所示。

图 7.151

4 选中【形状图层 1】图层，先在【效果和预设】面板中展开【风格化】特效组，然后双击【发光】特效。

5 在【效果控件】面板中，将【发光半径】更改为 8.0，将【发光强度】更改为 10.0，将【发光操作】更改为【无】，如图 7.152 所示。

6 在【项目】面板中，选中【警示符号.png】素材，将其添加至当前时间轴面板中，并在图像中移至适当位置，如图 7.153 所示。

图 7.152

图 7.153

7 选中【警示符号 .png】素材，打开【缩放】关键帧，按住 Alt 键单击【缩放】左侧码表 ◎ 按钮，在当前位置添加以下表达式，如图 7.154 所示。

```
(freq = 10;
amp = 10;
loopTime = 2;
t = time % loopTime;
wiggle1 = wiggle(freq, amp, 1, 0.5, t);
wiggle2 = wiggle(freq, amp, 1, 0.5, t - loopTime);
linear(t, 0, loopTime, wiggle1, wiggle2)
)
```

图 7.154

8 选中【警示符号.png】图层，先在【效果和预设】面板中展开【风格化】特效组，然后双击【发光】特效。

9 在【效果控件】面板中，将【发光强度】更改为8.0，如图7.155所示。

图 7.155

10 选择工具栏中的【横排文字工具】T，在图像中输入文字（字体为Script MT Bold），将文字所在图层名称更改为"文字"，如图7.156所示。

图 7.156

11 选择工具栏中的【矩形工具】■，选中【文字】图层，在图像中文字顶部位置绘制一个矩形蒙版，将文字隐藏，如图7.157所示。

12 将时间调整到0:00:00:00的位置，选中【文字】图层，将其展开，单击【蒙版】|【蒙版1】|【蒙版路径】左侧码表按钮，在当前位置添加关键帧。

图 7.157

13 将时间调整到0:00:05:00的位置，同时选中蒙版左下角及右下角锚点向底部方向拖动，系统将自动添加关键帧，如图7.158所示。

图 7.158

14 将时间调整到0:00:10:00的位置，同时选中蒙版左下角及右下角锚点向顶部方向拖动，系统将自动添加关键帧，如图7.159所示。

图 7.159

15 以同样的方法分别在0:00:15:00的位置、0:00:19:24 的位置，拖动锚点，制作出动画效果，如图 7.160 所示。

图 7.160

7.3.6 制作隧道合成

1 执行菜单栏中的【合成】|【新建合成】命令，打开【合成设置】对话框，设置【合成名称】为"隧道贴图"，【宽度】为720，【高度】为2000，【帧速率】为25，并设置【持续时间】为0:00:05:00，【背景颜色】为黑色，完成之后单击【确定】按钮，如图 7.161 所示。

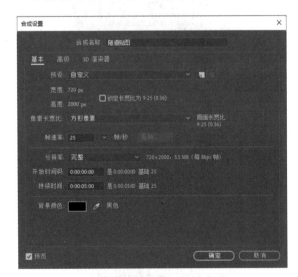

图 7.161

2 执行菜单栏中的【图层】|【新建】|【纯色】命令，在弹出的对话框中将【名称】更改为"纹理"，将【颜色】更改为黑色，完成之后单击【确定】按钮，如图 7.162 所示。

图 7.162

3 选中【纹理】图层，先在【效果和预设】面板中展开【杂色和颗粒】特效组，然后双击【分形杂色】特效。

4 在【效果控件】面板中，将【分形类型】更改为【阴天】，将【杂色类型】更改为【样条】，选中【反转】复选框，如图 7.163 所示。

图 7.163

5 展开【变换】选项组，将【缩放】更改为 120.0，如图 7.164 所示。

图 7.164

6 展开【子设置】选项组，将【子位移】数值更改为（0.0，0.0），将时间调整到 0:00:00:00 的位置，单击【子位移】左侧码表●按钮，在当前位置添加关键帧，按住 Alt 键单击【演化】左侧码表●按钮，在当前位置时间轴面板中输入表达式（time*150），如图 7.165 所示。

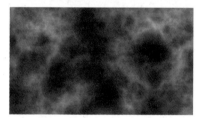

图 7.165

7 将时间调整到 0:00:04:24 的位置,将【子位移】更改为(0.0,2000.0),系统将自动添加关键帧,如图 7.166 所示。

图 7.166

8 执行菜单栏中的【合成】|【新建合成】命令,打开【合成设置】对话框,设置【合成名称】为"隧道合成",【宽度】为720,【高度】为405,【帧速率】为25,并设置【持续时间】为0:00:05:00,【背景颜色】为黑色,完成之后单击【确定】按钮,如图 7.167 所示。

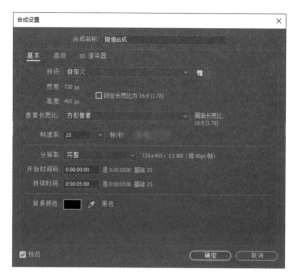

图 7.167

9 在【项目】面板中,选中【隧道贴图】合成,将其拖至当前时间轴面板中。

10 执行菜单栏中的【图层】|【新建】|【摄像机】命令,在弹出的对话框中将【预设】更改为【自定义】,将【缩放】更改为20,选中【启用景深】复选框,完成之后单击【确定】按钮,效果如图 7.168 所示。

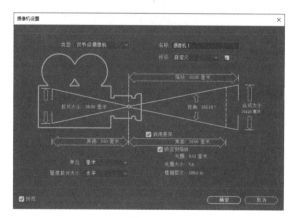

图 7.168

11 选中【摄像机 1】图层,将时间调整到0:00:00:00 的位置,展开【变换】,将【目标点】更改为(360.0,202.5,−1000.0),将【位置】更改为(360.0,202.5,0.0),分别单击【Z 轴旋转】

【位置】左侧码表 ⊙ 按钮，在当前位置添加关键帧；将时间调整到 0:00:04:24 的位置，将【位置】更改为（360.0，202.5，−1000.0），将【Z 轴旋转】更改为（0x−200.0°），系统将自动添加关键帧，如图 7.169 所示。

图 7.169

12 选中【隧道贴图】图层，在【效果和预设】面板中展开【透视】特效组，然后双击【CC Cylinder（CC 圆柱体）】特效。

13 在【效果控件】面板中，展开【Rotation（旋转）】选项组，将【Rotation X（X 轴旋转）】更改为（0x−90.0°），如图 7.170 所示。

图 7.170

14 选中【隧道贴图】图层，先在【效果和预设】面板中展开【扭曲】特效组，然后双击【CC Lens（透镜）】特效。

15 在【效果控件】面板中，将【Size（大小）】更改为 50.0，如图 7.171 所示。

16 执行菜单栏中的【图层】|【新建】|【调整图层】命令，新建一个【调整图层 1】图层。

17 选中【调整图层 1】图层，先在【效果和预设】面板中展开 RG Trapcode 特效组，然后双击【Shine（光）】特效。

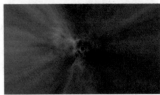

图 7.171

18 在【效果控件】面板中，展开【Colorize（着色）】选项组，将【Midtones（中间色调）】更改为红色（R：255，G：0，B：0），将【Shadows（阴影）】更改为青色（R：0，G：198，B：255），如图 7.172 所示。

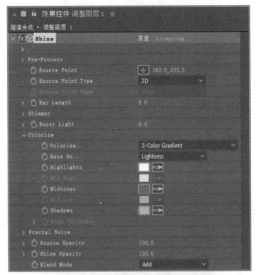

图 7.172

19 在【效果和预设】面板中展开【颜色校正】特效组，然后双击【曲线】特效。

20 在【效果控件】面板中，选择分别调整【RGB】【蓝】【绿】通道曲线，增加图像亮度，如图 7.173 所示。

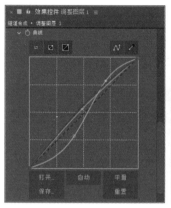

图 7.173

7.3.7 打造质感文字

1 执行菜单栏中的【合成】|【新建合成】命令，打开【合成设置】对话框，设置【合成名称】为"破碎文字"，【宽度】为 720，【高度】为 405，【帧速率】为 25，并设置【持续时间】为 0:00:10:00，【背景颜色】为黑色，完成之后单击【确定】按钮，如图 7.174 所示。

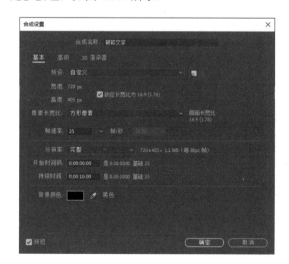

图 7.174

2 选择工具栏中的【横排文字工具】T，在图像中输入文字（字体为 Franklin Gothic Demi），如图 7.175 所示。

图 7.175

3 打开【文字】合成，先在时间轴面板中选中【文字】图层，然后在【效果和预设】面板中展开【透视】特效组，最后双击【斜面 Alpha】特效。

4 在【效果控件】面板中，设置【边缘厚度】为 2.00，【灯光角度】为（0x-60.0°），【灯光强度】为 1.00，如图 7.176 所示。

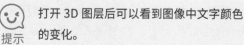

图 7.176

5 执行菜单栏中的【图层】|【新建】|【灯光】命令，在弹出的【灯光设置】对话框中将【名称】更改为"高光"，【灯光类型】为【平行】，【颜色】为青色（R：197，G：247，B：245），【强度】为 90%，选中【投影】复选框，设置【阴影深度】为 40%，如图 7.177 所示。

6 选中【SPACE ROAM】图层，将其 3D 图层打开，如图 7.178 所示。

> 😊 提示　打开 3D 图层后可以看到图像中文字颜色的变化。

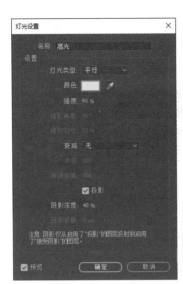

图 7.177

图 7.178

7 同时选中两个图层并右击,在弹出的快捷菜单中选择【预合成】命令,在出现的对话框中将【名称】更改为"灯光立体字",完成之后单击【确定】按钮,并打开其 3D 图层,如图 7.179 所示。

图 7.179

8 选中【灯光立体字】合成,将时间调整到 0:00:00:00 的位置,打开【位置】,单击【位置】左侧码表按钮,在当前位置添加关键帧,将

【位置】更改为(360.0,202.5,−800.0);将时间调整到 0:00:01:00 的位置,将【位置】更改为(360.0,202.5,0.0),系统将自动添加关键帧,如图 7.180 所示。

图 7.180

9 选中【灯光立体字】图层,将时间调整到 0:00:01:14 的位置,打开【不透明度】,单击【不透明度】左侧码表按钮,在当前位置添加关键帧,将【不透明度】更改为 0%;将时间调整到 0:00:01:15 的位置,将【不透明度】更改为 100%,系统将自动添加关键帧,如图 7.181 所示。

图 7.181

10 在【项目】面板中选中【灯光立体字】合成,将其拖至当前时间轴面板中,并将其图层名称更改为"灯光立体字 2",将时间调整到 0:00:01:15 的位置,按 [键设置当前动画入场,如图 7.182 所示。

图 7.182

11 选中上方【灯光立体字 2】合成,先在【效果和预设】面板中展开【模拟】特效组,然后双击

【碎片】特效。

12 在【效果控件】面板中,设置【视图】为【已渲染】,展开【形状】选项组,将【图案】更改为【玻璃】,设置【重复】为100.00,【方向】为(0x+40.0°),【源点】为(357.0,250.0),【凸出深度】为0.01,如图7.183所示。

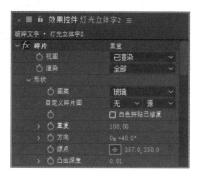

图7.183

13 展开【作用力1】选项组,将【位置】更改为(195.0,252.0),将【深度】更改为0.10,将【半径】更改为1.00,将【强度】更改为−0.50,如图7.184所示。

图7.184

14 展开【作用力2】选项组,将【位置】更改为(503.0,252.0),将【深度】更改为0.10,将【半径】更改为0.00,将【强度】更改为1.00,如图7.185所示。

图7.185

15 展开【物理学】选项组,将【旋转速度】更改为0.20,设置【随机性】为0.30,【粘度】为0.20,【大规模方差】为30%,【重力】为1.00,【重力方向】为(0x+90.0°),【重力倾向】为70.00,如图7.186所示。

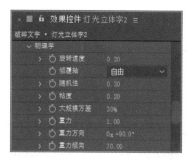

图7.186

16 在【项目】面板中选中【炫光.avi】素材,先将其拖至时间轴面板中并将图层【模式】更改为【相加】,然后在图像中等比例缩小,将时间调整到0:00:01:10的位置,按 [键设置动画入场,如图7.187所示。

图7.187

 提示 通过拖动时间轴滑块可以观察炫光划过后的破碎文字效果,如图7.188所示。

图7.188

17 选中【炫光.mov】图层，先在【效果和预设】面板中展开【颜色校正】特效组，然后双击【三色调】特效。

18 在【效果控件】面板中，设置【中间调】为青色（R: 0，G: 240，B: 255），如图 7.189 所示。

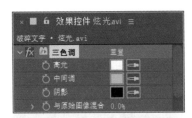

图 7.189

> 😊
> 提示
> 调整时间轴中的时间滑块可预览调整颜色后的炫光效果。

7.3.8 调整文字动画视角

1 确认打开两个【文字】图层的 3D 图层，如图 7.190 所示。

图 7.190

2 执行菜单栏中的【图层】|【新建】|【摄像机】命令，在弹出的【摄像机设置】对话框中将【预设】更改为【50 毫米】，选中【启用景深】复选框，完成之后单击【确定】按钮，如图 7.191 所示。

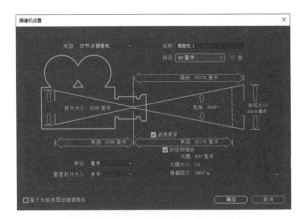

图 7.191

3 选中【摄像机 1】图层，将时间调整到 0:00:01:10 的位置，单击【Z 轴旋转】左侧码表 🕐 按钮，在当前位置添加关键帧。

4 将时间调整到 0:00:02:00 的位置，将【Z 轴旋转】更改为（0x-3.0°），系统将自动添加关键帧，如图 7.192 所示。

图 7.192

> 😊
> 提示
> 调整时间轴中的时间滑块可预览调整文字动画视觉后的效果。

5 将时间调整到 0:00:02:15 的位置，将【Z 轴旋转】更改为（0x+0.0°）；将时间调整到 0:00:03:00 的位置，将【Z 轴旋转】更改为（0x+3.0°）；将时间调整到 0:00:03:15 的位置，将【Z 轴旋转】

更改为（0x+0.0°）；将时间调整到 0:00:05:00 的位置，将【Z 轴旋转】更改为（0x−3.0°）；将时间调整到 0:00:06:00 的位置，将【Z 轴旋转】更改为（0x+0.0°）；系统将自动添加关键帧，如图 7.193 所示。

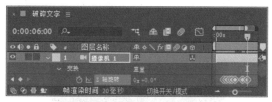

图 7.193

6 选中【摄像机 1】图层，将时间调整到 0:00:00:00 的位置，单击【目标点】左侧码表 按钮，在当前位置添加关键帧；将时间调整到 0:00:01:20 的位置，将【目标点】更改为（360.0，202.5，150.0），系统将自动添加关键帧；将时间调整到 0:00:05:00 的位置，将【目标点】更改为（360.0，202.5，−500.0），系统将自动添加关键帧，如图 7.194 所示。

图 7.194

7.3.9 对合成进行整合

1 在【项目】面板中，先双击【太空场景】合成将其打开，再选中【隧道合成】合成，将其拖至【太空场景】时间轴面板中，将时间调整到 0:00:09:00 的位置，按 [键设置图层动画入点，如图 7.195 所示。

图 7.195

2 将时间调整到 0:00:09:00 的位置，选中【隧道合成】图层，先在【效果和预设】面板中展开【过渡】特效组，然后双击【CC Light Wipe（CC 光线擦除）】特效。

3 在【效果控件】面板中，将【Completion（完成）】更改为 100%，单击【Completion（完成）】左侧码表 按钮，在当前位置添加关键帧，如图 7.196 所示。

图 7.196

4 将时间调整到 0:00:09:20 的位置，将【Completion（完成）】更改为 0.0%，系统将自动添加关键帧，如图 7.197 所示。

5 将时间调整到 0:00:09:20 的位置，同时选中【炫光】及【形状图层 1】图层，按 Alt+] 组合键设置图层动画结束点，如图 7.198 所示。

图 7.197

图 7.198

6 在【项目】面板中同时选中【飞船.avi】及【飞船蒙版.avi】图层,将其拖至当前时间轴面板中,并将【飞船蒙版.avi】图层移至【飞船.avi】图层上方,将【飞船.avi】图层的轨道遮罩设置为【1.飞船蒙版.avi】,单击其后方图标█切换到亮度遮罩,如图 7.199 所示。

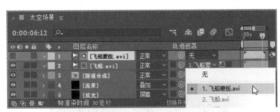

图 7.199

7 同时选中【飞船蒙版.avi】及【飞船.avi】图层,如图 7.200 所示。在其图层名称上右击,在弹出的快捷菜单中执行【时间】|【在最后一帧上冻结】命令。

8 在【项目】面板中选中【警示动画】合成,将其拖至当前时间轴面板中,并在图像中将其放在图像靠底部位置,如图 7.201 所示。

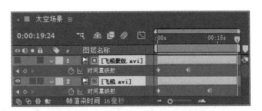

图 7.200

图 7.201

9 选中【警示动画】图层,先在【效果和预设】面板中展开【扭曲】特效组,然后双击【贝塞尔曲线变形】特效。

10 在图像中拖动控制杆,将图像变形,如图 7.202 所示。

图 7.202

😊 提示 在【效果控件】面板中调整数值较为烦琐,可以通过直接拖动控制杆对图像进行变形操作。

11 选择工具栏中的【钢笔工具】✎,在图像靠右侧屏幕位置绘制一个图形,设置图形【填充】为无，【描边】为青色（R：0，G：222，B：255），【描边宽度】为2，将生成一个【形状图层2】图层，如图7.203所示。

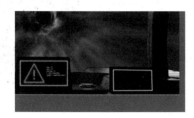

图7.203

12 选中【形状图层2】图层，先在【效果和预设】面板中展开【风格化】特效组，然后双击【发光】特效。

13 在【效果控件】面板中，将【发光半径】更改为5.0，如图7.204所示。

图7.204

14 在【项目】面板中选中【雷达】合成，将其拖至当前时间轴面板中，并将其移至刚才绘制的矩形左侧的位置，如图7.205所示。

15 选中【雷达】图层，按Ctrl+D组合键复制一个【雷达2】新图层，将复制生成的图像向右侧稍微移动，如图7.206所示。

图7.205　　　　图7.206

16 在【项目】面板中选中【扫描】合成，

将其拖至当前时间轴面板中，并将其移至左侧屏幕位置，如图7.207所示。

图7.207

17 选中【扫描】图层，先在【效果和预设】面板中展开【扭曲】特效组，然后双击【贝塞尔曲线变形】特效。

18 在图像中拖动控制杆，将图像变形，如图7.208所示。

图7.208

19 选中【扫描】图层，先在【效果和预设】面板中展开【颜色校正】特效组，然后双击【色相/饱和度】特效。

20 在【效果控件】面板中，选中【彩色化】复选框，并将【着色饱和度】更改为100，按住Alt键单击【着色色相】左侧码表按钮，在当前位置添加表达式（time*100），如图7.209所示。

21 在【项目】面板中，同时选中【标志.png】素材及【破碎文字】合成，将其拖至当前时间轴面板中，并将【破碎文字】图层【模式】更改为【屏幕】，将时间调整到0:00:13:00的位置，按[键设置图层动画入点，如图 7.210 所示。

图 7.209

图 7.210

22 分别选中【标志 .png】素材及【破碎文字】合成，在图像中适当调整其位置，如图 7.211 所示。

图 7.211

23 选中【标志 .png】图层，先在【效果和预设】面板中展开【生成】特效组，然后双击【梯度渐变】特效。

24 在【效果控件】面板中，将【渐变起点】更改为（50.0，0.0），将【起始颜色】更改为浅红色（R：255，G：170，B：222），将【渐变终点】更改为（50.0，90.0），将【结束颜色】更改为红色

（R：253，G：33，B：126），如图 7.212 所示。

图 7.212

25 在【效果和预设】面板中展开【透视】特效组，然后双击【斜面 Alpha】特效。

26 在【效果控件】面板中，将【边缘厚度】更改为 2.00，将【灯光强度】更改为 0.50，如图 7.213 所示。

图 7.213

27 选中【标志.png】图层，将时间调整到 0:00:17:00 的位置，打开【缩放】关键帧，单击【缩放】左侧码表按钮，在当前位置添加关键帧，并将【缩放】更改为（0.0，0.0%）。

28 将时间调整到 0:00:19:00 的位置，将【缩放】更改为（100.0，100.0%），系统将自动添加关键帧，制作缩放动画效果，如图 7.214 所示。

图 7.214

29 这样就完成了最终整体效果的制作，按小键盘上的 0 键即可在合成窗口中预览动画。

7.4 课后上机实操

　　动漫与游戏类的动画设计在 After Effects 动画设计中十分常见，同时在当下火热的动漫与游戏市场上占据很大比重，如游戏开场动画、对战中的特效，以及各类游戏片头介绍等。本章安排了两个课后上机实操，以便读者更好地理解与学习。

7.4.1 上机实操 1——飞船轰炸

 实例解析

　　本例要制作的是飞船轰炸效果，通过【光束】特效以及素材的叠加，制作出飞船轰炸效果。完成的动画流程画面如图 7.215 所示。

　　难易程度：★★☆☆☆
　　工程文件：第 7 章 \ 飞船轰炸

图 7.215

视频文件

 知识点

【光束】特效
【向后平移（锚点）工具】

7.4.2 上机实操 2——魔法火焰

 实例解析

　　本例主要涉及【CC Particle World（CC 粒子世界）】特效、【色光】特效的应用以及蒙版工具的使用。本例最终的动画流程效果如图 7.216 所示。

　　难易程度：★★★☆☆
　　工程文件：第 7 章 \ 魔法火焰

图 7.216

 知识点

【色光】特效

【曲线】特效

【CC Particle World（CC 粒子世界）】特效

视频文件

第8章

栏目形象宣传片设计

内容摘要

本章主要讲解栏目形象宣传片设计。栏目形象宣传片是 After Effects 动画设计中非常重要的部分，对设计水平要求较高，需要制作者掌握动画制作的综合知识。本章列举了新春形象片头动画设计及在线旅行服务动画设计等实例。通过对这些实例的学习，读者可以掌握栏目形象宣传片设计的方法。

教学目标

◉ 掌握新春形象片头动画设计知识　　◉ 学习在线旅行服务动画设计

◉ 掌握星光舞台开幕式动画设计　　◉ 掌握球赛开幕式动画设计

8.1 在线旅行服务动画设计

 实例解析

本例主要讲解在线旅行服务动画设计。整个动画制作过程比较简单，主要使用漂亮的矢量图像作为主视觉，通过添加飞机、小汽车及游客等元素使整个动画效果更加漂亮。最终效果如图 8.1 所示。

难易程度：★★★★☆

工程文件：第 8 章 \ 在线旅行服务动画设计

图 8.1

 知识点

表达式的使用

【位置】特效

轨道遮罩的使用

【缩放】属性

【旋转】属性

视频文件

 操作步骤

8.1.1 制作主视觉动画

① 执行菜单栏中的【文件】|【导入】|【文件】命令，打开【导入文件】对话框，选择"景点动画.psd"素材，在弹出的对话框中选择【导入种类】为【合成-保持图层大小】，选中【可编辑的图层样式】单选按钮，完成之后单击【确定】按钮，如图8.2所示。

图 8.2

② 在【项目】面板中，在【景点动画】合成上单击鼠标右键，从弹出的菜单中执行【合成设置】命令，打开【合成设置】对话框，修改【持续时间】为0:00:15:00，然后双击【景点动画】合成，将其打开。

③ 选中【景点】图层，选择工具栏中的【向后平移（锚点）工具】，将中心点移至与地球图像重合的位置，如图8.3所示。

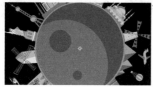

图 8.3

④ 同时选中【地球】及【景点】图层，将时间调整到0:00:00:00的位置，打开【缩放】关键帧，单击【缩放】左侧码表按钮，在当前位置添加关键帧，并将【缩放】更改为（0.0，0.0%）。

⑤ 将时间调整到0:00:01:00的位置，将【缩放】更改为（120.0，120.0）；将时间调整到0:00:01:06的位置，将【缩放】更改为（100.0，100.0%），系统将自动添加关键帧制作缩放动画效果，如图8.4所示。

图 8.4

⑥ 选中【风车叶片】图层，将其【父级和链接】更改为【3.景点】，如图8.5所示。

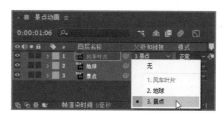

图 8.5

 提示 为当前图层设置父级和链接，可以将图层绑定在一定，为其中一个图层制作动画，将会与另外一个图层关联在一起。

⑦ 选中【风车叶片】图层，打开【旋转】关键帧，按住Alt键单击【旋转】左侧码表按钮，输入（time*50），为当前图层添加表达式，如图8.6所示。

⑧ 选中【地球】图层，将时间调整到0:00:00:00的位置，打开【旋转】关键帧，单击【旋转】左侧码表按钮，在当前位置添加关键帧。

图 8.6

9 将时间调整到 0:00:02:00 的位置，将【旋转】数值更改为（0x+200.0°），系统将自动添加关键帧，如图 8.7 所示。

图 8.7

10 按住 Alt 键单击【旋转】左侧码表◎按钮，为当前图层添加以下表达式，如图 8.8 所示。

```
(freq = 3;
decay = 5;
n = 0;
if (numKeys > 0){
    n = nearestKey(time).index;
    if (key(n).time > time) n--;
}
if (n > 0){
    t = time - key(n).time;
    amp = velocityAtTime(key(n).time - .001);
    w = freq*Math.PI*2;
    value + amp*(Math.sin(t*w)/Math.exp(decay*t)/w);
}else
    value)
```

图 8.8

8.1.2 添加扫光装饰

1 在【项目】面板中选中【标志 .png】素材，将其拖至当前时间轴面板中，如图 8.9 所示。

2 选择工具栏中的【矩形工具】■，绘制一个细长矩形，设置矩形【填充】为白色，【描边】为无。系统将生成一个【形状图层 1】图层，将其适当旋转，效果如图 8.10 所示。

图 8.9　　　　　图 8.10

3 选中【形状图层 1】图层，将时间调整到 0:00:03:00 的位置，打开【位置】关键帧，单击【位置】左侧码表◎按钮，在当前位置添加关键帧。

4 将时间调整到 0:00:04:00 的位置，拖动矩形，系统将自动添加关键帧，制作出位置动画，如图 8.11 所示。

图 8.11

5 选中【标志.png】图层，按 Ctrl+D 组合键复制一个【标志 2】图层，将【标志 2】图层移至

【形状图层 1】图层上方。

6 选中【形状图层 1】图层，将其图层【轨道遮罩】更改为 Alpha 遮罩【1. 标志 2】，如图 8.12 所示。

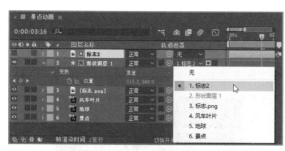

图 8.12

> 提示 设置图层轨道遮罩之后，可通过调整时间轴上的时间滑块观察图像中的高光效果。

7 选中【形状图层 1】图层，将其图层【模式】更改为【叠加】，如图 8.13 所示。

图 8.13

8 同时选中【标志 2】【形状图层 1】【标

志.png】图层，将其【父级和链接】更改为【5. 地球】，如图 8.14 所示。

图 8.14

8.1.3 打造小汽车动画

1 执行菜单栏中的【文件】|【导入】|【文件】命令，打开【导入文件】对话框，选择"小汽车.psd"素材，在弹出的对话框中选择【导入种类】为【合成 - 保持图层大小】，选中【可编辑的图层样式】单选按钮，完成之后单击【确定】按钮，如图 8.15 所示。

图 8.15

2 在【项目】面板中，修改【小汽车】合成的【持续时间】为 0:00:15:00，双击【小汽车】合成，将其打开。

3 打开【小汽车】合成，同时选中【左车轮】【右车轮】图层，打开【旋转】关键帧，按住 Alt 键单击【旋转】左侧码表 按钮，输入（time*200），为当前图层添加表达式，如图8.16所示。

图 8.16

8.1.4 打造背景动画

1 执行菜单栏中的【合成】|【新建合成】命令，打开【合成设置】对话框，设置【合成名称】为"背景"，【宽度】为720，【高度】为405，【帧速率】为24，并设置【持续时间】为0:00:15:00，【背景颜色】为黑色，完成之后单击【确定】按钮，如图8.17所示。

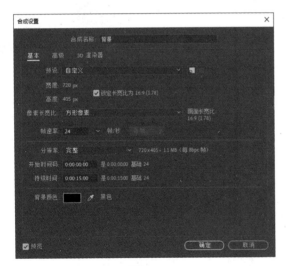

图 8.17

2 执行菜单栏中的【图层】|【新建】|【纯色】命令，在弹出的对话框中将【名称】更改为"背景"，将【颜色】更改为黑色，完成之后单击【确定】按钮。

3 选中【背景】图层，先在【效果和预设】面板中展开【生成】特效组，然后双击【梯度渐变】特效。

4 在【效果控件】面板中，将【渐变起点】更改为（360.0，0.0），将【起始颜色】更改为蓝色（R：146，G：213，B：252），将【渐变终点】更改为（360.0，405.0），将【结束颜色】更改为白色，如图8.18所示。

图 8.18

5 选择工具栏中的【钢笔工具】，在图像中绘制一个不规则图形，设置图形【填充】为白色，【描边】为无。系统将生成一个【形状图层1】图层，效果如图8.19所示。

图 8.19

> 😊 提示 绘制白云之后可将其适当缩小。

6 选中【形状图层1】图层，将其图层【模式】更改为【柔光】，按Ctrl+D组合键复制数个图层，如图8.20所示。

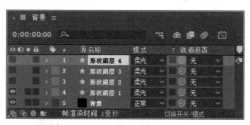

图 8.20

7 选中【形状图层1】图层，将时间调整到0:00:00:00的位置，打开【位置】关键帧，单击【位置】左侧码表按钮，在当前位置添加关键帧。

8 将时间调整到0:00:14:23的位置，将白云图像向右侧拖出图像之外区域，系统将自动添加关键帧，制作出位置动画，如图8.21所示。

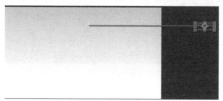

图 8.21

提示 按End键可快速定位至当前合成最后一帧。

9 以同样的方法分别为其他几个图层制作类似位置动画效果，如图8.22所示。

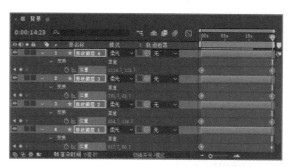

图 8.22

10 在【项目】面板中选中【城市背景.png】素材，将其拖至当前时间轴面板中，并在图像中将其移至适当位置，如图8.23所示。

图 8.23

8.1.5 制作地面图像

1 选中工具栏中的【矩形工具】，在背景底部位置绘制一个矩形，设置矩形【填充】为黑色，【描边】为无。系统将生成一个【形状图层5】图层，效果如图8.24所示。

2 选中【形状图层5】图层，先在【效果和预设】面板中展开【生成】特效组，然后双击【梯度渐变】特效。

图 8.24

图 8.26

③ 在【效果控件】面板中，将【渐变起点】更改为（360.0，338.0），将【起始颜色】更改为绿色（R：68，G：144，B：0），将【渐变终点】更改为（360.0，405.0），将【结束颜色】更改为白色，如图 8.25 所示。

图 8.27

④ 执行菜单栏中的【图层】|【新建】|【纯色】命令，在弹出的对话框中将【名称】更改为"白烟"，将【颜色】更改为白色，完成之后单击【确定】按钮。

⑤ 选择工具栏中的【椭圆工具】，选中【白烟】图层，在图像中绘制一个细长的椭圆蒙版，如图 8.28 所示。

图 8.25

8.1.6 添加飞机动画

① 在【项目】面板中选中【飞机.png】素材，将其拖至当前时间轴面板中，并在图像中将其适当旋转后向左侧移动至图像之外的区域，如图 8.26 所示。

② 选中【飞机.png】图层，将时间调整到 0:00:00:00 的位置，打开【位置】关键帧，单击【位置】左侧码表按钮，在当前位置添加关键帧。

③ 将时间调整到 0:00:03:00 的位置，将图像向右上角方向拖动，系统将自动添加关键帧，制作出位置动画，如图 8.27 所示。

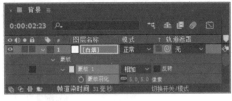

图 8.28

⑥ 选中【白烟】图层，将图像适当旋转，

如图 8.29 所示。

图 8.29

技巧 直接使用旋转工具较难控制旋转角度，可通过打开【旋转】关键帧，对旋转角度值进行微调来达到旋转的目的。

（7）选中【白烟】图层，将时间调整到 0:00:00:00 的位置，打开【位置】关键帧，单击【位置】左侧码表 按钮，在当前位置添加关键帧。

（8）将时间调整到 0:00:03:00 的位置，将图像向右上角方向拖动，系统将自动添加关键帧，制作出位置动画，如图 8.30 所示。

图 8.30

8.1.7 制作小汽车动画

（1）在【项目】面板中选中【景点动画】素材，

将其拖至当前时间轴面板中，并将其移至【城市背景.png】图层下方，再将时间调整到 0:00:02:00 的位置，按 [键设置图层入点，如图 8.31 所示。

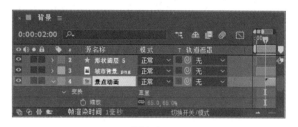

图 8.31

（2）在【项目】面板中选中【小汽车】合成，将其拖至当前时间轴面板中，并在图像中将其适当缩小。

（3）选中【小汽车】图层，在图像中将其向左侧平移出背景图像之外区域，如图 8.32 所示。

图 8.32

（4）选中【小汽车】图层，将时间调整到 0:00:02:00 的位置，打开【位置】关键帧，单击【位置】左侧码表 按钮，在当前位置添加关键帧。

（5）将时间调整到 0:00:06:00 的位置，将小汽车图像向右侧平移拖动，系统将自动添加关键帧，制作出位置动画，如图 8.33 所示。

（6）在【项目】面板中选中【游客.png】素材，将其拖至当前时间轴面板中。

（7）选中【游客.png】图层，在图像中将其向右侧平移到背景图像之外的区域，如图 8.34 所示。

（8）以同样的方法为游客素材图像制作位置动画，如图 8.35 所示。

图 8.33

图 8.34

图 8.35

8.1.8 添加动画信息

1 选择工具栏中的【圆角矩形工具】，在图像底部位置绘制一个圆角矩形，设置【填充】为无，【描边】为白色，【描边宽度】为2。系统

将生成一个【形状图层6】图层，效果如图8.36所示。

2 选中【形状图层6】图层，将其图层【模式】更改为【柔光】，效果如图8.37所示。

图 8.36　　　　　图 8.37

3 选择工具栏中的【横排文字工具】，在图像中输入文字（字体为 Gill Sans MT）。

4 在【项目】面板中选中【球体.png】素材，将其拖至当前时间轴面板中，并在图像中将其适当缩小移至圆角矩形的位置，如图8.38所示。

图 8.38

5 选中【球体.png】图层，打开【旋转】，按住 Alt 键单击【旋转】左侧码表按钮，输入（time*100），为当前图层添加表达式，如图8.39所示。

图 8.39

6 同时选中【形状图层6】及【球体.png】图层，将时间调整到 0:00:05:00 的位置，打开

【不透明度】关键帧，单击【不透明度】左侧码表⬤按钮，在当前位置添加关键帧，将其数值更改为0%。

7 将时间调整到0:00:07:00的位置，将【不透明度】更改为100%，系统将自动添加关键帧，制作出不透明度动画，如图8.40所示。

图8.40

8 选择工具栏中的【矩形工具】▣，选中【文字】图层，在文字左侧位置绘制一个矩形蒙版，将文字隐藏，如图8.41所示。

图8.41

9 将时间调整到0:00:07:00的位置，将【文字】图层展开，单击【蒙版】|【蒙版1】|【蒙版路径】左侧码表⬤按钮，在当前位置添加关键帧，

如图8.42所示。

图8.42

10 将时间调整到0:00:09:00的位置，在图像中同时选中路径右上角及右上角路径锚点向右侧拖动，系统将自动添加关键帧，如图8.43所示。

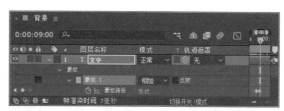

图8.43

11 这样就完成了最终整体效果的制作，按小键盘上的0键即可在合成窗口中预览动画。

8.2 新春形象片头动画设计

 实例解析

本例主要讲解新春形象片头动画设计。本例的制作以漂亮的新春主题为重点，通过添加一系列的春节主题元素图像打造出具有红色喜庆风格的动画效果。最终效果如图8.44所示。

难易程度：★★★☆☆
工程文件：第8章\新春形象片头动画设计

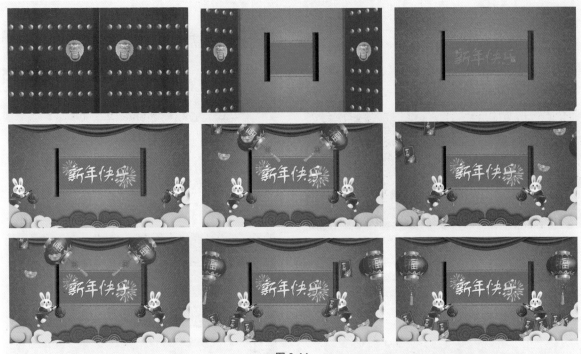

图 8.44

 知识点

【斜面 Alpha】特效
【梯度渐变】特效
预合成的使用
【投影】特效
轨道遮罩的应用
【位置】属性

视频文件

 操作步骤

8.2.1 制作卷轴动画

1 执行菜单栏中的【合成】|【新建合成】命令，打开【合成设置】对话框，设置【合成名称】为"卷轴动画"，【宽度】为 720，【高度】为 405，【帧速率】为 25，并设置【持续时间】为

0:00:10:00，【背景颜色】为黑色，完成之后单击【确定】按钮，如图 8.45 所示。

2 执行菜单栏中的【文件】|【导入】|【文件】命令，打开【导入文件】对话框，选择"灯笼.png""底部边框.png""底部云.png""底纹.png""红包.png""红门.png""幕布.png""小兔.png""烟花.png""元宝.png"素材。导入素材，如图 8.46 所示。

图 8.45

图 8.46

③ 选择工具栏中的【矩形工具】■，绘制一个矩形，设置矩形【填充】为红色（R：239，G：54，B：54），【描边】为无。系统将生成一个【形状图层 1】图层，效果如图 8.47 所示。

图 8.47

④ 选择工具栏中的【矩形工具】■，在红色矩形顶部位置再次绘制一个细长矩形，设置矩形【填充】为深黄色（R：185，G：128，B：4），【描边】为无。系统将生成一个【形状图层 2】图层，效果如图 8.48 所示。

图 8.48

⑤ 选中【形状图层 2】图层，先在【效果和预设】面板中展开【透视】特效组，然后双击【斜面 Alpha】特效。

⑥ 在【效果控件】面板中，将【边缘厚度】更改为 2.00，如图 8.49 所示。

图 8.49

⑦ 选中【形状图层 2】图层，按 Ctrl+D 组合键复制一个【形状图层 3】新图层；选中【形状图层 3】图层，在图像中将其向底部方向移动，如图 8.50 所示。

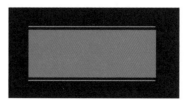

图 8.50

8.2.2 细化卷轴动画

1 选择工具栏中的【矩形工具】 ▣，绘制一个矩形，设置矩形【填充】为白色，【描边】为无，如图 8.51 所示。

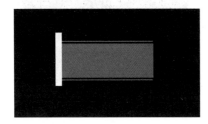

图 8.51

2 选中【形状图层 4】图层，先在【效果和预设】面板中展开【生成】特效组，然后双击【梯度渐变】特效。

3 在【效果控件】面板中，将【渐变起点】更改为（198.0，192.0），将【起始颜色】更改为浅棕色（R：53，G：36，B：26），将【渐变终点】更改为（175.0，192.0），将【结束颜色】更改为深棕色（R：124，G：112，B：105），如图 8.52 所示。

图 8.52

4 在【效果和预设】面板中展开【透视】特效组，然后双击【斜面 Alpha】特效。

5 在【效果控件】面板中将【边缘厚度】更改为 15.00，将【灯光角度】更改为（0x-90.0°），将【灯光颜色】更改为灰色（R：189，G：172，B：172），如图 8.53 所示。

图 8.53

6 选中【形状图层 4】图层，按 Ctrl+D 组合键复制一个【形状图层 5】图层，如图 8.54 所示。

图 8.54

7 选中【形状图层 5】图层，在【效果控件】面板中，将【渐变起点】更改为（523.0，192.0），将【渐变终点】更改为（546.0，192.0），如图 8.55 所示。

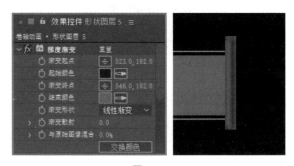

图 8.55

8 同时选中【形状图层 1】【形状图层 2】【形状图层 3】图层并右击，在弹出的快捷菜单中选择【预合成】命令，在弹出的对话框中将【新合成名称】更改为"红布"，完成之后单击【确定】按钮，如图 8.56 所示。

9 将时间调整到 0:00:00:00 的位置，同时选中【形状图层 4】和【形状图层 5】，打开【位置】

关键帧，单击【位置】左侧码表 按钮，在当前位置添加关键帧，将两个图形向中间移动靠齐。

图 8.56

⑩ 将时间调整到 0:00:03:00 的位置，选中【形状图层 4】图层，将图像向左侧平移拖动，选中【形状图层 5】图层，将图像向右侧平移拖动，系统将自动添加关键帧，制作出位置动画，如图 8.57所示。

图 8.57

⑪ 选中【红布】图层，打开【缩放】，单击【缩放】左侧【约束比例】 图标。

⑫ 选中【红布】图层，将时间调整到 0:00:00:00 的位置，打开【缩放】关键帧，单击【缩放】左侧码表 按钮，在当前位置添加关键帧，并将【缩放】更改为（0.00，100.0%）。

⑬ 将时间调整到 0:00:03:00 的位置，将【缩

放】更改为（100.0，100.0%），系统将自动添加关键帧，制作缩放动画效果，如图 8.58 所示。

图 8.58

8.2.3 为卷轴动画添加装饰

① 在【项目】面板中，选中【烟花.png】素材，将其拖至当前时间轴面板中，并在图像中将烟花图像缩小，如图 8.59 所示。

图 8.59

② 选中【烟花.png】图层，将时间调整到 0:00:03:00 的位置，打开【缩放】关键帧，单击【缩放】左侧码表 按钮，在当前位置添加关键帧，并将【缩放】更改为（0.0，0.0%）。

③ 将时间调整到 0:00:04:00 的位置，将【缩放】更改为（30.0，30.0%），系统将自动添加关键帧，制作缩放动画效果，如图 8.60 所示。

图 8.60

④ 选中【烟花.png】图层，先在【效果和预设】面板中展开【风格化】特效组，然后双击【发

光】特效。

5 在【效果控件】面板中，将【发光半径】更改为20.0，将【发光强度】更改为3.0，将【发光操作】更改为【正常】，如图8.61所示。

图8.61

6 选中【烟花.png】图层，按Ctrl+D组合键复制一个【烟花2】新图层，将其移动到右下角位置。

7 将时间调整到0:00:04:00的位置，将【缩放】更改为（40.0，40.0%），如图8.62所示。

图8.62

8.2.4 添加质感文字

1 选择工具栏中的【横排文字工具】T，在图像中输入文字（字体为方正舒体），如图8.63所示。

图8.63

2 选中【新年快乐】图层，先在【效果和预设】面板中展开【生成】特效组，然后双击【梯度渐变】特效。

3 在【效果控件】面板中，将【渐变起点】更改为（467.0，170.0），将【起始颜色】更改为黄色（R：255，G：216，B：0），将【渐变终点】更改为（244.0，220.0），将【结束颜色】更改为白色，如图8.64所示。

图8.64

4 在【效果和预设】面板中展开【透视】特效组，然后双击【投影】特效。

5 在【效果控件】面板中，将【阴影颜色】更改为棕色（R：65，G：26，B：0），将【不透明度】更改为50%，将【距离】更改为2.0，将【柔和度】更改为2.0，如图8.65所示。

图8.65

6 选中【新年快乐】图层，将时间调整到0:00:03:00的位置，打开【不透明度】关键帧，单击【不透明度】左侧码表○按钮，在当前位置添加关键帧，将其数值更改为0%；将时间调整到0:00:

04:00 的位置，将【不透明度】更改为 100%，系统将自动添加关键帧，如图 8.66 所示。

图 8.66

8.2.5 添加扫光效果

1 选择工具栏中的【钢笔工具】，在图像中文字位置绘制一个不规则图形，设置图形【填充】为白色，【描边】为无。系统将生成一个【形状图层 6】图层，效果如图 8.67 所示。

图 8.67

2 选中【形状图层 6】图层，在图像中将其向左侧平移至文字左侧位置，如图 8.68 所示。

图 8.68

3 选中【形状图层 6】图层，将时间调整到 0:00:04:00 的位置，打开【位置】关键帧，单击【位置】左侧码表按钮，在当前位置添加关键帧。

4 将时间调整到 0:00:05:00 的位置，将图形向右侧拖动，系统将自动添加关键帧，制作出位置动画，如图 8.69 所示。

图 8.69

5 选中【新年快乐】图层，按 Ctrl+D 组合键复制一个【新年快乐 2】新图层。

6 将【新年快乐 2】图层移至【形状图层 6】图层上方，再选中【形状图层 6】图层，将其【轨道遮罩】更改为【1. 新年快乐 2】，如图 8.70 所示。

图 8.70

提示 通过调整时间，可以观察文字高光效果。

8.2.6　打造开门红动画

① 执行菜单栏中的【合成】|【新建合成】命令，打开【合成设置】对话框，设置【合成名称】为"开门红"，【宽度】为720，【高度】为405，【帧速率】为25，并设置【持续时间】为0:00:15:00，【背景颜色】为黑色，完成之后单击【确定】按钮，如图8.71所示。

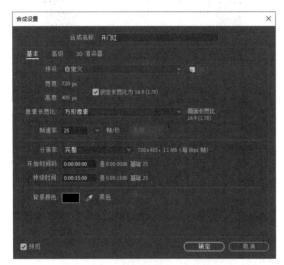

图 8.71

② 执行菜单栏中的【图层】|【新建】|【纯色】命令，在弹出的对话框中将【名称】更改为"背景"，将【颜色】更改为黑色，完成之后单击【确定】按钮，如图8.72所示。

图 8.72

③ 选中【背景】图层，先在【效果和预设】面板中展开【生成】特效组，然后双击【梯度渐变】特效。

④ 在【效果控件】面板中将【渐变起点】更改为（360.0，203.0），将【起始颜色】更改为红色（R：255，G：124，B：124），将【渐变终点】更改为（720.0，405.0），将【结束颜色】更改为红色（R：200，G：29，B：29），将【渐变形状】更改为【径向渐变】，如图8.73所示。

图 8.73

⑤ 在【项目】面板中选中【底纹.png】图层，将其拖动至当前画布中，选中【底纹.png】图层，将其图层【模式】更改为【叠加】，如图8.74所示。

图 8.74

⑥ 选中【底纹.png】图层，先在【效果和预设】面板中展开【风格化】特效组，然后双击【CC HexTile（CC 蜂巢）】特效。

⑦ 在【效果控件】面板中，将【Render（渲染）】更改为【Fold Seamlessly（无缝折叠）】，

将时间调整到 0:00:00:00 的位置,单击【Radius(半径)】左侧码表◎按钮,在当前位置添加关键帧,如图 8.75 所示。

图 8.75

8 将时间调整到 0:00:09:24 的位置,将【Radius(半径)】更改为 300.0,系统将自动添加关键帧,如图 8.76 所示。

图 8.76

8.2.7 制作开门效果

1 在【项目】面板中选中【红门.png】素材图像,将其拖至当前画布中,如图 8.77 所示。

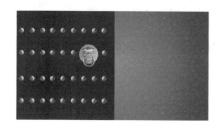

图 8.77

2 选中【红门.png】图层,按 Ctrl+D 组合键复制一个新图层,将原图层更改为【左侧红门】,将复制生成的图层更改为【右侧红门】,如图 8.78 所示。

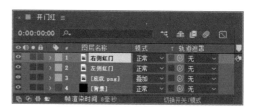

图 8.78

3 选中【右侧红门】图层并右击,在弹出的快捷菜单中选择【变换】|【水平翻转】命令,再将图像向右侧平移至与原图像相对位置,如图 8.79 所示。

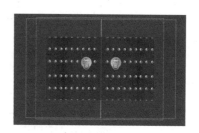

图 8.79

4 选中【左侧红门】图层,打开其图层 3D 开关,将时间调整到 0:00:00:00 的位置,打开【旋转】关键帧,单击【Y 轴旋转】左侧码表◎按钮,在当前位置添加关键帧。

5 将时间调整到 0:00:02:00 的位置,将【Y 轴旋转】数值更改为(0x-60.0°),系统将自动添加关键帧,制作出位置动画,如图 8.80 所示。

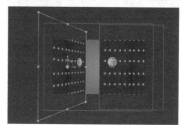

图 8.80

6 选中【左侧红门】图层，将时间调整到 0:00:00:00 的位置，打开【位置】关键帧，单击【位置】左侧码表 按钮，在当前位置添加关键帧。

7 将时间调整到 0:00:03:00 的位置，将【位置】数值更改为（−210.0，202.5，0.0），系统将自动添加关键帧，制作出位置动画，如图 8.81 所示。

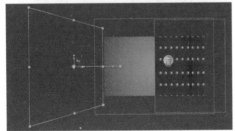

图 8.81

8 选中【右侧红门】图层，将时间调整到 0:03:00:00 的位置，打开其图层 3D 开关，以同样的方法为其制作位置及旋转动画，如图 8.82 所示。

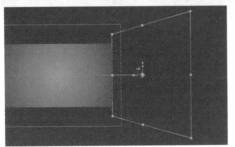

图 8.82

8.2.8 添加投影效果

1 选中【左侧红门】图层，先在【效果和预设】面板中展开【透视】特效组，然后双击【投影】特效。

2 在【效果控件】面板中，将【不透明度】更改为 20%，将【方向】更改为（0x+150.0°），将【距离】更改为 50.0，将时间调整到 0:00:00:00 的位置，单击【距离】左侧码表 按钮，在当前位置添加关键帧，将【柔和度】更改为 10.0，如图 8.83 所示。

图 8.83

3 将时间调整到 0:00:03:00 的位置，将【距离】更改为 0.0，系统将自动添加关键帧，如图 8.84 所示。

图 8.84

4 在【图层】面板中选中【左侧红门】图层，在【效果控件】面板中选中【梯度渐变】效果，按 Ctrl+C 组合键将其复制，再选中【右侧红门】图层，在【效果控件】面板中按 Ctrl+V 组合键将效果粘贴，如图 8.85 所示。

5 调整【右侧红门】关键帧位置，使其与【左侧红门】相同，如图 8.86 所示。

图 8.85

图 8.86

6 在【项目】面板中选中【卷轴动画】合成，将其拖至时间轴面板中，并将其放在【左侧红门】图层下方，如图 8.87 所示。

图 8.87

7 在【卷轴动画】图层名称上右击，如图 8.88 所示，在弹出的快捷菜单中选择【时间】|【在最后

一帧上冻结】命令。

图 8.88

8 在【项目】面板中选中【幕布.png】素材，将其拖至时间轴面板中，并在图像中将其向上移到图像之外的区域，如图 8.89 所示。

图 8.89

9 选中【幕布.png】图层，将时间调整到 0:00:03:00 的位置，打开【位置】关键帧，单击【位置】左侧码表 按钮，在当前位置添加关键帧。

10 将时间调整到 0:00:04:00 的位置，将图像向底部方向拖动，系统将自动添加关键帧，制作位置动画，如图 8.90 所示。

图 8.90

11 在【项目】面板中选中【灯笼.png】素材，将其拖至时间轴面板中，并在图像中将其移至图像左上角位置，如图8.91所示。

12 选择工具栏中的【向后平移（锚点）工具】，将灯笼图像中心点移至顶部位置，如图8.92所示。

图8.91　　　　图8.92

13 选中【灯笼.png】图层，将时间调整到0:00:04:00的位置，打开【旋转】关键帧，单击【旋转】左侧码表按钮，在当前位置添加关键帧，并将【旋转】更改为（0x+50.0°），如图8.93所示。

图8.93

14 将时间调整到0:00:04:20的位置，将其数值更改为（0x-50.0°）；将时间调整到0:00:05:15的位置，将其数值更改为（0x+30.0°）；将时间调整到0:00:06:10的位置，将其数值更改为（0x-30.0°）。

15 按照同样的方法，每隔20帧调整一次数值，制作出旋转动画效果，系统将自动添加关键帧，如图8.94所示。

图8.94

16 选中【灯笼.png】图层，按Ctrl+D组合键复制一个【灯笼2】图层，在图像中将其移至右上角位置，如图8.95所示。

图8.95

17 展开【灯笼2】图层旋转关键帧，调整其旋转数值前的正负符号，如图8.96所示。

18 同时选中【灯笼.png】及【灯笼2】图层中的所有关键帧，按F9键打开缓动效果。

图 8.96

 提示　为了使灯笼摆动效果更加自然，可为动画关键帧添加缓动效果。

8.2.9　添加底部装饰动画

1 在【项目】面板中同时选中【底部云.png】及【底部边框.png】素材，将其拖至时间轴面板中，并在图像中将其向下移出至图像之外区域，如图 8.97 所示。

图 8.97

2 同时选中【底部边框.png】及【底部云.png】图层，将时间调整到 0:00:03:00 的位置，打开【位置】关键帧，单击【位置】左侧码表 按钮，在当前位置添加关键帧，如图 8.98 所示。

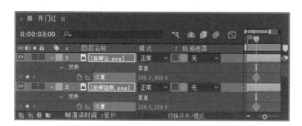

图 8.98

3 将时间调整到 0:00:04:00 的位置，将图

像向上拖动，系统将自动添加关键帧，如图 8.99 所示。

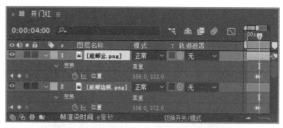

图 8.99

4 在【项目】面板中选中【小兔.png】素材，将其拖至当前时间轴面板中，并在图像中将其适当缩小后向左侧平移至图像之外的区域，如图 8.100 所示。

图 8.100

5 选中【小兔.png】图层，将其移至【卷轴动画】图层上方，再按Ctrl+D组合键复制一个【小兔2】新图层，如图 8.101 所示。

图 8.101

6 选中【小兔.png】图层，将时间调整到 0:00:03:00 的位置，打开【位置】关键帧，单击【位置】左侧码表 按钮，在当前位置添加关键帧。

7 将时间调整到 0:00:05:00 的位置，将图像向右侧拖动，系统将自动添加关键帧，制作出位置动画，如图 8.102 所示。

图 8.102

8 选中【小兔 2】图层，以同样的方法为其制作位置动画，如图 8.103 所示。

图 8.103

9 在【项目】面板中选中【元宝.png】，将其拖至当前时间轴面板中，并在图像中将其向顶部移动至图像之外的区域，如图 8.104 所示。

10 选中【元宝.png】图层，将其移至【底部边框.png】图层与【底部云.png】图层之间，再按 Ctrl+D 组合键复制出【元宝 2】【元宝 3】【元宝 4】【元宝 5】4 个新图层，如图 8.105 所示。

图 8.104

图 8.105

11 选中【元宝.png】图层，将时间调整到 0:00:04:00 的位置，单击【位置】和【旋转】左侧码表 按钮，在当前位置添加关键帧，如图 8.106 所示。

图 8.106

12 将时间调整到 0:00:05:00 的位置，将图像向底部拖动，系统将自动添加关键帧，制作出位置动画，将【旋转】更改为（0x+30.0°），效果如图 8.107 所示。

13 以同样的方法分别为其他几个元宝图层制作位置及旋转动画，注意位置和时间的不同排列，做出随机的感觉，如图 8.108 所示。

图 8.107

图 8.108

14 在【项目】面板中选中【红包.png】，将其拖至当前时间轴面板中，并在图像中将其向顶部移动至图像之外的区域，如图 8.109 所示。

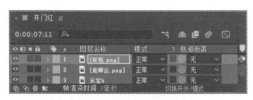

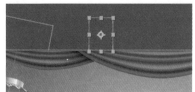

图 8.109

15 选中【红包.png】图层，将其移至【底部边框.png】图层上方，再按 Ctrl+D 组合键复制出【红包 2】【红包 3】【红包 4】【红包 5】【红包 6】【红包 7】6 个新图层，如图 8.110 所示。

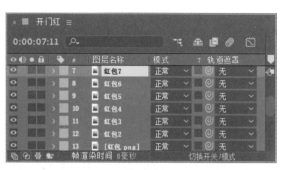

图 8.110

16 以同样的方法分别为几个红包图层制作位置及旋转动画，如图 8.111 所示。

图 8.111

17 这样就完成了最终整体效果的制作，按小键盘上的 0 键即可在合成窗口中预览动画。

8.3 星光舞台开幕式动画设计

 实例解析

本例主要讲解星光舞台开幕式动画的设计。在制作过程中，将开幕式动画与彩球标志相结合，通过添加粒子装饰效果完成整体动画设计。最终效果如图 8.112 所示。

难易程度：★★★★☆

工程文件：第 8 章\星光舞台开幕式动画设计

图 8.112

知识点

【色相 / 饱和度】特效

【梯度渐变】特效

【勾画】特效

【CC Particle Wold（CC 粒子世界）】特效

视频文件

 **操作步骤**

8.3.1 制作舞台动画

1 执行菜单栏中的【合成】|【新建合成】命令，打开【合成设置】对话框，设置【合成名称】为"舞台动画"，【宽度】为720，【高度】为405，【帧速率】为25，并设置【持续时间】为0:00:10:00，【背景颜色】为黑色，完成之后单击【确定】按钮，如图8.113所示。

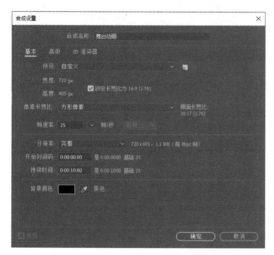

图 8.113

2 执行菜单栏中的【文件】|【导入】|【文件】命令，打开【导入文件】对话框，选择"彩球.png""舞台.avi""炫光.png"素材。导入素材，如图8.114所示。

图 8.114

3 在【项目】面板中，选中【舞台.avi】素材，将其拖至当前时间轴面板中，并与画布对齐。

4 选中【舞台.avi】图层，将时间调整到0:00:00:00的位置，打开【缩放】关键帧，单击【缩放】左侧码表 按钮，在当前位置添加关键帧。

5 将时间调整到0:00:02:00的位置，将【缩放】更改为（57.0，57.0%），系统将自动添加关键帧，制作缩放动画效果，如图8.115所示。

图 8.115

6 选中【舞台.avi】图层，先在【效果和预设】面板中展开【颜色校正】特效组，然后双击【色相/饱和度】特效。

7 在【效果控件】面板中将【主饱和度】更改为30，将【主亮度】更改为5，如图8.116所示。

图 8.116

8 在【项目】面板中选中【炫光.png】素材，将其拖至当前时间轴面板中，将图层【模式】更改为【屏幕】，如图 8.117 所示。

图 8.117

[9] 选中【炫光.png】图层，按 Ctrl+D 组合键复制一个【炫光 2】新图层，选中【炫光 2】新图层，将其向中间拖动，如图 8.118 所示。

图 8.119

图 8.120

[12] 以同样的方法在不同的时间段内制作类似动画效果，如图 8.121 所示。

图 8.118

[10] 以同样的方法将图层再复制数份，并在图像中将其移至不同位置，如图 8.119 所示。

[11] 选中【炫光.png】图层，将时间调整到 0:00:01:00 的位置，打开【不透明度】，将其数值更改为 0%；将时间调整到 0:00:01:03 的位置，将数值更改为 100%；将时间调整到 0:00:01:06 的位置，将数值更改为 0%，系统将自动添加关键帧，如图 8.120 所示。

图 8.121

8.3.2　添加扫光动画

1　执行菜单栏中的【图层】|【新建】|【纯色】命令，在弹出的对话框中将【名称】更改为"扫光"，将【颜色】更改为白色，完成之后单击【确定】按钮。

2　选择工具栏中的【矩形工具】■，选中【扫光】图层，在图像中绘制一个矩形蒙版，将部分图像隐藏，并分别选中矩形 4 个角的不同锚点进行拖动，调整图像的形状，如图 8.122 所示。

图 8.122

3　选中【扫光】图层，先在【效果和预设】面板中展开【生成】特效组，然后双击【梯度渐变】特效。

4　在【效果控件】面板中，将【渐变起点】更改为（220.0，43.0），将【起始颜色】更改为黑色，将【渐变终点】更改为（218.0，505.0），将【结束颜色】更改为浅蓝色（R：205，G：237，B：255），如图 8.123 所示。

5　选中【扫光】图层，按 F 键打开【蒙版羽化】关键帧，将其数值更改为（5.0，5.0），再将其图层【模式】更改为【屏幕】；打开【不透明度】关键帧，将数值更改为 50%，如图 8.124 所示。

图 8.123

图 8.124

6　选中【扫光】图层，按 Ctrl+D 组合键复制一个【扫光 2】图层，如图 8.125 所示。

图 8.125

7　选中【扫光】图层，选择工具栏中的【向后平移（锚点）工具】■，将图像中心点移至底部中间位置，并在时间轴面板中将【旋转】数值更改为（0x+90.0°），如图 8.126 所示。

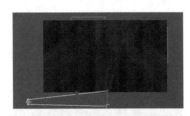

图 8.126

8 选中【扫光】图层，将时间调整到 0:00:00:00 的位置，打开【旋转】关键帧，单击【旋转】左侧码表 按钮，在当前位置添加关键帧。

9 将时间调整到 0:00:00:20 的位置，将【旋转】更改为（0x+0.0°），系统将自动添加关键帧，如图 8.127 所示。

图 8.127

10 将时间调整到 0:00:01:15 的位置，将【旋转】更改为（0x+90.0°），系统将自动添加关键帧，制作出灯光闪烁动画，如图 8.128 所示。

图 8.128

11 选中【扫光 2】图层，在图像中将其向右侧移至与原图像相对的位置，再选择工具栏中的

【向后平移（锚点）工具】，将图像中心点移至底部中间位置，并在时间轴面板中将【旋转】数值更改为（0x-90.0°），如图 8.129 所示。

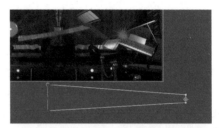

图 8.129

12 以同样的方法为【扫光 2】图层制作与【扫光】图层相同的旋转动画，如图 8.130 所示。

图 8.130

8.3.3 打造整体动画

1 执行菜单栏中的【合成】|【新建合成】命令，打开【合成设置】对话框，设置【合成名称】为"整体动画"，【宽度】为 720，【高度】为 405，【帧速率】为 25，并设置【持续时间】为 0:00:15:00，【背景颜色】为黑色，完成之后单击【确定】按钮，如图 8.131 所示。

2 执行菜单栏中的【图层】|【新建】|【纯色】命令，在弹出的对话框中将【名称】更改为"背景"，将【颜色】更改为黑色，完成之后单击【确定】按钮。

图 8.131

3 选中【背景】图层，先在【效果和预设】面板中展开【生成】特效组，然后双击【梯度渐变】特效。

4 在【效果控件】面板中，将【渐变起点】更改为（360.0，202.5），将【起始颜色】更改为紫色（R：169，G：115，B：253），将【渐变终点】更改为（719.0，404.0），将【结束颜色】更改为紫色（R：92，G：31，B：162），如图 8.132 所示。

图 8.132

5 在【项目】面板中，同时选中【彩球.png】

素材及【舞台动画】合成，将其拖至当前时间轴面板中，并将时间调整到 0:00:08:00 的位置，选中【舞台动画】合成，按 Alt+] 组合键设置当前图层动画出点，如图 8.133 所示。

图 8.133

6 选中【彩球.png】图层，将时间调整到 0:00:07:10 的位置，单击【缩放】【旋转】和【不透明度】左侧码表 ⏱ 按钮，并将【缩放】数值更改为（843.0，843.0%），将【不透明度】数值更改为 0%，在当前位置添加关键帧，如图 8.134 所示。

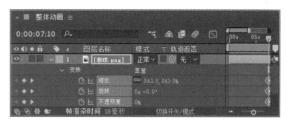

图 8.134

7 将时间调整到 0:00:08:00 的位置，将【不透明度】更改为 100%，系统将自动添加关键帧，如图 8.135 所示。

图 8.135

8 将时间调整到 0:00:09:00 的位置，将【缩放】更改为（50.0，50.0%），将【旋转】更改为（1x+0.0°），系统将自动添加关键帧，如图 8.136 所示。

图 8.136

9 将时间调整到 0:00:09:10 的位置,将【缩放】更改为(45.0,45.0%),系统将自动添加关键帧,如图 8.137 所示。

图 8.137

8.3.4 添加勾画光线

1 执行菜单栏中的【图层】|【新建】|【纯色】命令,在弹出的对话框中将【名称】更改为"高光",将【颜色】更改为白色,完成之后单击【确定】按钮。

2 选中【高光】图层,将时间调整到 0:00:09:10 的位置,选择工具栏中的【椭圆工具】,按住 Shift+Ctrl 组合键在彩球图像位置绘制一个正圆蒙版路径,如图 8.138 所示。

图 8.138

3 选中【高光】图层,先在【效果和预设】面板中展开【生成】特效组,然后双击【勾画】特效。

4 在【效果控件】面板中,将【描边】更改为【蒙版/路径】,选择【路径】为蒙版 1,展开【片段】选项组,将时间调整到 0:00:09:10 的位置,单击【旋转】左侧码表按钮,在当前位置添加关键帧,如图 8.139 所示。

图 8.139

5 展开【正在渲染】选项组,将【混合模式】更改为【透明】,将【颜色】更改为白色,将【宽度】更改为 1.00,如图 8.140 所示。

图 8.140

6 将时间调整到 0:00:14:24 的位置,将【旋转】更改为(-3x+0.0°),系统将自动添加关键帧,如图 8.141 所示。

图 8.141

7 选中【高光】图层，将其图层【模式】更改为【叠加】，如图8.142所示。

图8.142

8 选中【高光】图层，先在【效果和预设】面板中展开【风格化】特效组，然后双击【发光】特效。

9 在【效果控件】面板中将【发光强度】更改为10.0，将【发光操作】更改为【无】，如图8.143所示。

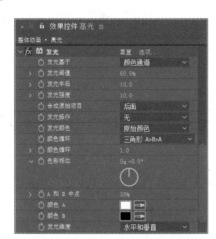

图8.143

10 选中【高光】图层，将时间调整到0:00:

09:10的位置，打开【不透明度】关键帧，单击【不透明度】左侧码表 ⬡ 按钮，在当前位置添加关键帧，将其数值更改为0%。

11 将时间调整到0:00:10:00的位置，将【不透明度】更改为100%，系统将自动添加关键帧，制作出不透明度动画，如图8.144所示。

图8.144

12 选择工具栏中的【椭圆工具】 ⬭ ，按住Shift+Ctrl组合键在图像中间位置绘制一个正圆，设置【填充】为白色，【描边】为无。系统将生成一个【形状图层1】图层，效果如图8.145所示。

图8.145

13 选中【形状图层1】图层，将其图层【模式】更改为【柔光】，打开【不透明度】关键帧，将其图层不透明度值更改为20%，如图8.146所示。

图8.146

14 选中【形状图层1】图层，将时间调整到0:00:09:10的位置，单击【缩放】和【不透明度】左侧码表 按钮，在当前位置添加关键帧，将【缩放】更改为（0.0，0.0%）。

15 将时间调整到0:00:10:00的位置，将【缩放】更改为（1000.0，1000.0%），将【不透明度】更改为0%，系统将自动添加关键帧，制作缩放及不透明度动画效果，如图8.147所示。

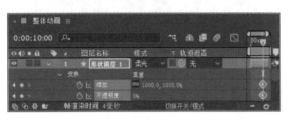

图 8.147

16 以同样的方法再次绘制两个正圆并为其制作缩放及不透明度动画，如图8.148所示。

图 8.148

 技巧　绘制一个正圆，然后将其复制，即可完成两个正圆的动画制作。

8.3.5　添加清新粒子效果

1 执行菜单栏中的【图层】|【新建】|【纯色】命令，在弹出的对话框中将【名称】更改为"粒子"，将【颜色】更改为黑色，完成之后单击【确定】按钮。

2 选中【粒子】图层，先在【效果和预设】面板中展开【模拟】特效组，然后双击【CC Particle Wold（CC粒子世界）】特效。

3 在【效果控件】面板中，将【Birth Rate（出生率）】更改为0.1，将【Longevity (sec)（寿命）】更改为3.00，如图8.149所示。

图 8.149

4 展开【Producer（发生器）】选项组，将【Radius X（X轴半径）】更改为0.500，将【Radius Y（Y轴半径）】更改为0.500，将【Radius Z（Z轴半径）】更改为0.500，如图8.150所示。

图 8.150

5 展开【Physics（物理学）】选项组，将【Animation（动画）】更改为【Twirl（扭转）】，将【Velocity（速度）】更改为0.10，将【Gravity（重力）】更改为0.050。

6 展开【Direction Axis（方向轴）】选项组，将【Axis Y（Y轴）】更改为0.000。

7 展开【Gravity Vector（重力矢量）】选项组，将【Gravity Y（Y轴重力）】更改为−0.010，如图8.151所示。

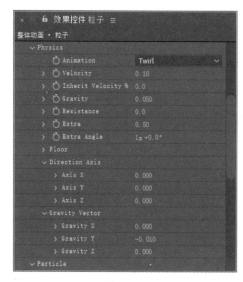

图 8.151

8 展开【Particle（粒子）】选项组，将【Particle Type（粒子类型）】更改为【Faded Sphere（衰减球）】，将【Birth Size（出生大小）】更改为 0.100，将【Death Size（消逝大小）】更改为 0.050，将【Max Opacity（最大不透明度）】更改为 100.0%，将【Birth Color（出生颜色）】更改为紫色（R：189，G：119，B：255），将【Death Color（消逝颜色）】更改为白色，如图 8.152 所示。

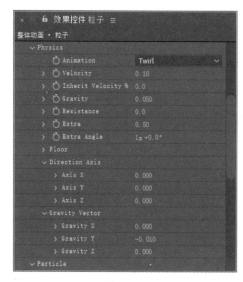

图 8.152

9 选中【粒子】图层，将其图层【模式】更改为【叠加】，如图 8.153 所示。

图 8.153

10 选中【粒子】图层，将时间调整到 0:00: 09:00 的位置，打开【不透明度】关键帧，单击【不透明度】左侧码表 按钮，在当前位置添加关键帧，将不透明度值更改为 0%。

11 将时间调整到 0:00:10:00 的位置，将【不透明度】更改为 100%，系统将自动添加关键帧，制作出不透明度动画，如图 8.154 所示。

图 8.154

8.3.6 增加彩球装饰动画

1 在【项目】面板中选中【彩球.png】素材，将其拖至当前时间轴面板中，并在图像中将其移至左上角位置，如图 8.155 所示。

2 选中【彩球.png】图层，先在【效果和预设】面板中展开【颜色校正】特效组，然后双击【色相 / 饱和度】特效。

图 8.155

3 在【效果控件】面板中选中【彩色化】复选框，将【着色色相】更改为（0x-90.0°），将【着色饱和度】更改为 60，如图 8.156 所示。

图 8.156

4 选中【彩球.png】图层，将时间调整到 0:00:09:00 的位置，打开【缩放】关键帧，单击【缩放】左侧码表⏱按钮，在当前位置添加关键帧，并将【缩放】更改为（0.0，0.0%）。

5 将时间调整到 0:00:10:00 的位置，将【缩放】更改为（10.0，10.0%），系统将自动添加关键帧，制作缩放动画效果，如图 8.157 所示。

图 8.157

6 选中【彩球.png】图层，按 Ctrl+D 组合键复制一个新图层，将新图层名称更改为"彩球 2"，在图像中将其向右侧移动。

7 将时间调整到 0:00:10:00 的位置，将

【缩放】更改为（8.0，8.0%），如图 8.158 所示。

图 8.158

8 选中【彩球 .png】图层，将【着色色相】更改为（0x+200.0°），将【着色饱和度】更改为 70，如图 8.159 所示。

图 8.159

9 以同样的方法将彩球所在图层再复制数份，并将其移至图像中不同的位置，然后更改其色相及饱和度，如图 8.160 所示。

图 8.160

10 选中【彩球.png】图层，打开【位置】

关键帧，按住 Alt 键单击【位置】左侧码表 按钮，输入 wiggle(1,5)，为当前图层添加表达式，如图 8.161 所示。

图 8.161

（11）以同样的方法分别为其他几个彩球所在的图层添加类似表达式，如图 8.162 所示。

图 8.162

技巧 在为其他几个图层添加表达式时，可以通过复制【彩球.png】图层表达式，然后选中其他几个图层粘贴该表达式的方式来完成。

8.3.7 添加文字动画效果

（1）选择工具栏中的【横排文字工具】 ，在图像中输入文字（字体为 Bahnschrift），如图 8.163 所示。

（2）选择工具栏中的【矩形工具】 ，选中

【文字】图层，在图像中文字的底部绘制一个矩形蒙版，将文字隐藏，如图 8.164 所示。

图 8.163

图 8.164

（3）选中【文字】图层，展开【蒙版】|【蒙版1】，将时间调整到 0:00:09:10 的位置，单击【蒙版路径】左侧码表 按钮，在当前位置添加关键帧；将时间调整到 0:00:12:00 的位置，同时选中蒙版路径左上角及右上角锚点向上方拖动，将文字显示出来，系统将自动添加关键帧，如图 8.165 所示。

图 8.165

（4）选中【文字】图层，将时间调整到 0:00:11:00 的位置，打开【缩放】关键帧，单击【缩放】左侧码表 按钮，在当前位置添加关键帧。

5 将时间调整到 0:00:13:00 的位置，将【缩放】更改为（70.0，70.0%），系统将自动添加关键帧，制作缩小动画效果，如图 8.166 所示。

6 这样就完成了最终整体效果的制作，按小键盘上的 0 键即可在合成窗口中预览动画。

图 8.166

8.4 课后上机实操

栏目形象宣传片主要起到的是宣传的作用，成功的宣传片设计可以传递极佳的视觉效果及有效信息。本章安排了两个课后上机实操，以加深读者对宣传片设计的理解。

8.4.1 上机实操 1——公益宣传片

 实例解析

本例为公益宣传片的制作。首先利用文本的【动画】属性及【更多选项】属性制作不同的文字动画效果，然后通过不同的切换手法及【运动模糊】❷特效的应用，制作文字的动画效果，最后通过场景的合成及蒙版手法，完成公益宣传片效果的制作。本例最终的动画流程效果如图 8.167 所示。

难易程度：★★★★☆
工程文件：第 8 章＼公益宣传片

图 8.167

知识点

视频文件

文本【动画】属性
文本【更多选项】属性
【运动模糊】◑特效
【投影】特效

8.4.2 上机实操 2——球赛开幕式动画设计

 实例解析

本例为星光舞台开幕式动画设计。在制作过程中，我们将开幕动画与彩球标志相结合，通过添加粒子装饰效果完成整体动画的设计。最终效果如图 8.168 所示。

难易程度：★★★★☆
工程文件：第 8 章\球赛开幕式动画设计

图 8.168

图 8.168（续）

 知识点

【梯度渐变】特效

蒙版路径的使用

表达式的应用

【CC Light Wipe（CC 光线擦除）】特效

视频文件

第9章

商业形象广告动画设计

内容摘要

本章主要讲解商业形象广告动画设计，高质量的商业形象广告动画可以给观看者带来愉悦的心理感受。本章列举了在线购物产品动画设计、踏青之旅主题动画设计、时尚服装宣传动画设计实例。通过对这些实例的学习，读者可以掌握大部分商业形象广告动画设计的知识。

教学目标

◉ 理解在线购物产品动画设计思路

◉ 掌握踏青之旅主题动画设计技法

◉ 掌握时尚服装宣传动画设计

9.1 在线购物产品动画设计

 实例解析

本例主要讲解在线购物产品动画设计。在设计过程中，我们采用漂亮的清新颜色作为动画主色调，整个画面富有活力且精致，且整个制作过程比较简单，最终效果如图9.1所示。

难易程度：★★★☆☆

工程文件：第9章\在线购物产品动画设计

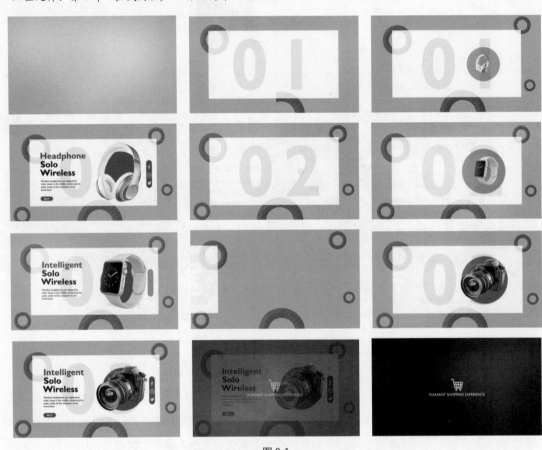

图 9.1

 知识点

【斜面 Alpha】特效

【中继器】属性

轨道遮罩的使用

视频文件

操作步骤

9.1.1 绘制圆圈图像

1 执行菜单栏中的【合成】|【新建合成】命令，打开【合成设置】对话框，设置【合成名称】为"圆圈"，【宽度】为500，【高度】为500，【帧速率】为24，并设置【持续时间】为0:00:20:00，【背景颜色】为黑色，完成之后单击【确定】按钮，如图9.2所示。

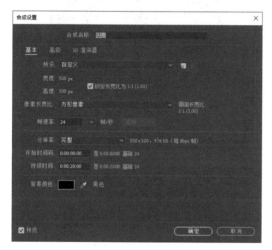

图 9.2

2 执行菜单栏中的【文件】|【导入】|【文件】命令，打开【导入文件】对话框，选择"光.avi""耳机.png""购物图标.png""手表.png""图标.png""图标2.png""图标3.png""图标4.png""相机.png"素材。导入素材，如图9.3所示。

3 选择工具栏中的【椭圆工具】，按住Shift+Ctrl组合键绘制一个正圆，设置【填充】为无，【描边】为紫色（R：200，G：24，B：107），【描边宽度】为50。系统将生成一个【形状图层1】图层，效果如图9.4所示。

4 选中【形状图层1】图层，先在【效果和预设】面板中展开【透视】特效组，然后双击【斜面 Alpha】特效。

图 9.3　　　　　　　　图 9.4

5 在【效果控件】面板中，将【边缘厚度】更改为30.00，将【灯光强度】更改为0.08，如图9.5所示。

图 9.5

6 选择工具栏中的【矩形工具】，绘制一个细长矩形，设置矩形【填充】为白色，【描边】为无。系统将生成一个【形状图层2】，效果如图9.6所示。

7 展开【形状图层2】图层，单击添加：按钮，在弹出的下拉列表中选择【中继器】选项，展开【内容】|【中继器1】，将【副本】更改为20.0，展开【变换：中继器1】，将【位置】更改为（0.0，20.0），如图9.7所示。

图 9.6

图 9.7

8 选中【形状图层 2】图层，将其图层【模式】更改为【叠加】，打开【旋转】关键帧，将其数值更改为（0x-40.0°），如图 9.8 所示。

图 9.8

9 选中【形状图层 1】图层，按 Ctrl+D 组合键复制一个【形状图层 3】新图层，将【形状图层 3】移至【形状图层 2】上方。

10 选中【形状图层 2】图层，将其图层【轨道遮罩】更改为 Alpha 遮罩【1. 形状图层 3】，如图 9.9 所示。

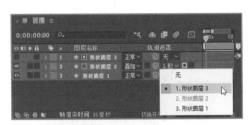

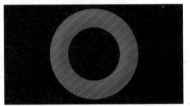

图 9.9

9.1.2 制作文字动画

1 执行菜单栏中的【合成】|【新建合成】命令，打开【合成设置】对话框，设置【合成名称】为"耳机动画"，【宽度】为 720，【高度】为 405，【帧速率】为 24，并设置【持续时间】为 0:00:10:00，【背景颜色】为黑色，完成之后单击【确定】按钮，如图 9.10 所示。

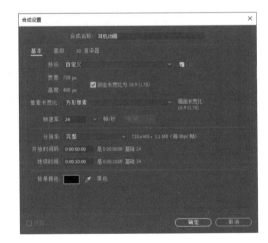

图 9.10

2 选择工具栏中的【矩形工具】■，绘制一个矩形，设置矩形【填充】为白色，【描边】为无，如图 9.11 所示。

图 9.11

3 选中【形状图层1】图层，打开【不透明度】关键帧，将数值更改为 80%，如图 9.12 所示。

图 9.12

4 选择工具栏中的【横排文字工具】**T**，在图像中输入文字（字体为 Gill Sans MT），将【大小】更改为 300，将【文本颜色】更改为紫色（R：200，G：24，B：107），再将文字图层移至【形状图层1】图层下方，如图 9.13 所示。

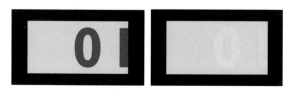

图 9.13

> 😊 为了方便制作动画效果，在输入文字之后
> 提示 需要将文字向右侧平移，与其下方形状图层中的图形边缘对齐。

5 选中【01】图层，将时间调整到 0:00:00:00 的位置，打开【不透明度】关键帧，单击【不透明度】左侧码表◎按钮，在当前位置添加关键帧，将其数值更改为 0%。

6 将时间调整到 0:00:00:20 的位置，将【不透明度】更改为 100%，系统将自动添加关键帧，制作出不透明度动画，如图 9.14 所示。

图 9.14

7 选中【01】图层，将时间调整到 0:00:00:00 的位置，打开【位置】关键帧，单击【位置】左侧码表◎按钮，在当前位置添加关键帧。

8 将时间调整到 0:00:00:20 的位置，将文字向左侧拖动；将时间调整到 0:00:01:05 的位置，再将文字向右侧拖动，系统将自动添加关键帧，制作出位置动画，如图 9.15 所示。

图 9.15

9.1.3 补充圆形动画

1 选择工具栏中的【椭圆工具】●，按住 Shift+Ctrl 组合键绘制一个正圆，设置【填充】为紫

色（R: 171，G: 4，B: 83），【描边】为无。系统将生成一个【形状图层 2】图层，效果如图 9.16 所示。

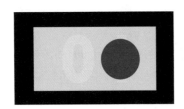

图 9.16

2 选中【形状图层 2】图层，先在【效果和预设】面板中展开【透视】特效组，然后双击【斜面 Alpha】特效。

3 在【效果控件】面板中，将【边缘厚度】更改为 20.00，设置【灯光强度】为 0.03，如图 9.17 所示。

图 9.17

4 选中【形状图层 2】图层，将时间调整到 0:00:01:05 的位置，打开【缩放】关键帧，单击【缩放】左侧码表 按钮，在当前位置添加关键帧，并将【缩放】更改为（0.0，0.0%）。

5 将时间调整到 0:00:01:20 的位置，将【缩放】更改为（120.0，120.0%）；将时间调整到 0:00:02:05 的位置，将【缩放】更改为（100.0，100.0%），系统将自动添加关键帧，制作缩放动画效果，如图 9.18 所示。

图 9.18

6 选中【形状图层 2】图层，将时间调整到 0:00:01:05 的位置，打开【不透明度】关键帧，单击【不透明度】左侧码表 按钮，在当前位置添加关键帧，将其数值更改为 0%。

7 将时间调整到 0:00:02:05 的位置，将【不透明度】更改为 100%，系统将自动添加关键帧，制作出不透明度动画，如图 9.19 所示。

图 9.19

8 在【项目】面板中选中【耳机.png】，将其拖至当前时间轴面板中，如图 9.20 所示。

图 9.20

9 选中【耳机.png】图层，将时间调整到 0:00:01:10 的位置，打开【缩放】关键帧，单击【缩放】左侧码表 按钮，在当前位置添加关键帧，并将【缩放】更改为（0.0，0.0%）。

10 将时间调整到 0:00:02:05 的位置，将【缩放】更改为（120.0，120.0%）；将时间调整到 0:00:02:10 的位置，将【缩放】更改为（100.0，100.0%），系统将自动添加关键帧，制作缩放动画效果，如图 9.21 所示。

图 9.21

11 选中【耳机.png】图层，打开【旋转】关键帧，按住 Alt 键并单击【旋转】左侧码表 按钮，输入 wiggle(1,8)，为当前图层添加表达式，如图 9.22 所示。

图 9.22

 技巧 添加表达式之后图像将会随机轻微晃动，整个动画效果显得更加活泼生动。

12 选择工具栏中的【横排文字工具】T，在图像中输入文字（字体为 Gill Sans MT），如图 9.23 所示。

图 9.23

13 同时选中所有文字图层，在图像中将其向右侧稍微移动，如图 9.24 所示。

图 9.24

14 同时选中所有文字图层，将时间调整到 0:00:02:00 的位置，打开【位置】关键帧，单击【位置】左侧码表 按钮，在当前位置添加关键帧。

15 将时间调整到 0:00:02:10 的位置，将文字向左侧拖动，系统将自动添加关键帧，制作出位置动画，如图 9.25 所示。

图 9.25

16 选中所有文字图层，将时间调整到 0:00:02:00 的位置，打开【不透明度】关键帧，单击【不透明度】左侧码表 按钮，在当前位置添加关键帧，将其数值更改为 0%。

17 将时间调整到 0:00:02:10 的位置，将【不透明度】更改为 100%，系统将自动添加关键帧，制作出不透明度动画，如图 9.26 所示。

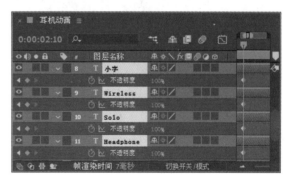

图 9.26

18 选择工具栏中的【圆角矩形工具】，

在耳机图像右侧位置绘制一个圆角矩形，设置【填充】为紫色（R：171，G：4，B：83），【描边】为无。系统将生成一个【形状图层 3】图标，效果如图 9.27 所示。

19 在【项目】面板中，同时选中"图标.png""图标 2.png""图标 3.png"素材，将其拖至当前时间轴面板中，并在图像中将其移至刚才绘制的圆角矩形位置，如图 9.28 所示。

图 9.27　　　　图 9.28

20 选中【形状图层 3】图层，将时间调整到 0:00:02:00 的位置，打开【不透明度】关键帧，单击【不透明度】左侧码表◯按钮，在当前位置添加关键帧，将其数值更改为 0%。

21 将时间调整到 0:00:03:00 的位置，将【不透明度】更改为 100%，系统将自动添加关键帧，制作出不透明度动画，如图 9.29 所示。

图 9.29

22 同时选中 3 个图标所在图层，将时间调整到 0:00:02:20 的位置，打开【不透明度】关键帧，单击【不透明度】左侧码表◯按钮，在当前位置添加关键帧，将其数值更改为 0%；将时间调整到 0:00:03:20 的位置，将【不透明度】更改为 100%。

23 将时间调整到 0:00:02:00 的位置，单击【缩放】左侧码表◯按钮，在当前位置添加关键帧，将其数值更改为（0，0），将时间调整到 0:00:03:20

的位置，将【缩放】更改为（100.0，100.0%），系统将自动添加关键帧，如图 9.30 所示。

图 9.30

9.1.4　添加细节文字信息

1 选择工具栏中的【圆角矩形工具】■，在图像左下角位置绘制一个紫色（R：171，G：4，B：83）圆角矩形，如图 9.31 所示。

2 选择工具栏中的【横排文字工具】T，在圆角矩形位置输入文字（字体 WieGill Sans MT），如图 9.32 所示。

图 9.31　　　　图 9.32

3 以同样的方法分别为圆角矩形及文字制作不透明度及缩放动画，如图 9.33 所示。

4 选中工具栏中的【椭圆工具】●，按住 Shift+Ctrl 组合键绘制一个正圆，设置【填充】为白色，【描边】为无。系统将生成一个【形状图层 5】图层，效果如图 9.34 所示。

图 9.33

图 9.34

5 选中【形状图层 5】图层，将时间调整到 0:00:02:20 的位置，打开【不透明度】及【缩放】关键帧，单击【不透明度】及【缩放】左侧码表🕐按钮，在当前位置添加关键帧，并将【缩放】数值更改为（0.0，0.0%）。

6 将时间调整到 0:00:03:20 的位置，将【不透明度】更改为 0%，将【缩放】更改为（100.0，100.0%），系统将自动添加关键帧，制作出不透明度动画，如图 9.35 所示。

图 9.35

7 在【项目】面板中，选中【耳机动画】合成，按 Ctrl+D 组合键复制一个新合成图层，将复制生成的新图层名称更改为"手表动画"。

8 打开【手表动画】合成，选中【耳机.png】图层中的【缩放】动画关键帧，按 Ctrl+C 组合键

将其复制，再将耳机素材所在图层删除，在【项目】面板中选中【手表.png】素材图像，将其拖至图像中，并将其移至【形状图层 5】图层下方，将时间调整到 0:00:01:10 的位置，按 Ctrl+V 组合键粘贴动画关键帧，如图 9.36 所示。

图 9.36

9 选择工具栏中的【横排文字工具】🅃，更改图像中的文字信息，如图 9.37 所示。

图 9.37

提示 更改文字信息之后需要对文字位置进行微调。

10 在【项目】面板中选中【耳机动画】合成，按 Ctrl+D 组合键复制一个新合成，将复制生成的新图层名称更改为"相机动画"。

11 以同样的方法将【相机动画】合成中的

耳机素材替换成相机素材，如图9.38所示。

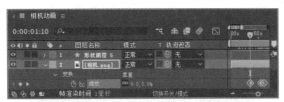

图 9.38

12 打开【手表动画】合成，选中【01】图层，将文字更改为"02"，如图9.39所示。

图 9.39

13 以同样的方法打开【相机动画】合成，选中【01】图层，将文字更改为"03"。

9.1.5 打造总合成背景

1 执行菜单栏中的【合成】|【新建合成】命令，打开【合成设置】对话框，设置【合成名称】为"总合成动画"，【宽度】为720，【高度】

为405，【帧速率】为24，并设置【持续时间】为0:00:20:00，【背景颜色】为黑色，完成之后单击【确定】按钮，如图9.40所示。

图 9.40

2 执行菜单栏中的【图层】|【新建】|【纯色】命令，在弹出的对话框中将【名称】更改为"背景"，将【颜色】更改为浅紫色（R：238，G：142，B：221），完成之后单击【确定】按钮。

3 在【项目】面板中选中【圆圈】合成，将其拖至当前时间轴面板中，打开【缩放】关键帧，将其数值更改为（50.0，50.0%），如图9.41所示。

图 9.41

4 选中【圆圈】图层，按 Ctrl+D 组合键复制出【圆圈 2】【圆圈 3】【圆圈 4】【圆圈 5】4 个图层，并将复制生成的几个图层暂时隐藏，如图 9.42 所示。

图 9.42

5 选择工具栏中的【矩形工具】■，选中【圆圈】图层，在图像中圆圈图像右侧的位置绘制一个矩形蒙版，并将图像隐藏，如图 9.43 所示。

图 9.43

6 将时间调整到 0:00:00:00 的位置，将【圆圈】图层展开，单击【蒙版】|【蒙版 1】|【蒙版路径】左侧码表■按钮，在当前位置添加关键帧，如图 9.44 所示。

图 9.44

7 将时间调整到 0:00:01:00 的位置，在图像中同时选中路径左上角及左下角锚点向左侧拖动，系统将自动添加关键帧，如图 9.45 所示。

图 9.45

8 选中【圆圈】图层，打开【位置】关键帧，按住 Alt 键并单击【位置】左侧码表■按钮，输入 wiggle(1,10)，为当前图层添加表达式，如图 9.46 所示。

图 9.46

9 选中【圆圈 2】图层，在图像中将其向右下角方向稍微移动，再将其稍微缩小，如图 9.47 所示。

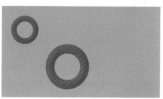

图 9.47

10 选择工具栏中的【矩形工具】■，选中【圆圈 2】图层，在圆圈图像的右侧位置绘制一个矩形蒙版，将图像隐藏，如图 9.48 所示。

图 9.48

11 将时间调整到 0:00:00:10 的位置，将【圆圈 2】图层展开，单击【蒙版】|【蒙版 1】|【蒙版路径】左侧码表 ⏱ 按钮，在当前位置添加关键帧，如图 9.49 所示。

图 9.49

12 将时间调整到 0:00:01:10 的位置，在图像中同时选中路径左上角及左下角锚点向左侧拖动，系统将自动添加关键帧，如图 9.50 所示。

图 9.50

13 选中【圆圈 2】图层，打开【位置】关键帧，按住 Alt 键并单击【位置】左侧码表 ⏱ 按钮，输入 wiggle(1.5,10)，为当前图层添加表达式，如图 9.51 所示。

图 9.51

14 以同样的方法分别将其他几个圆圈图层中的图像缩小并移动位置，为图像制作蒙版动画后添加表达式，如图 9.52 所示。

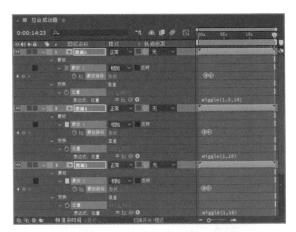

图 9.52

9.1.6 为总合成添加耳机动画

1 在【项目】面板中选中【耳机动画】合成，将其拖至当前时间轴面板中，如图 9.53 所示。

图 9.53

2 选中【耳机动画】图层,在图像中将其向底部移至背景图像之外的区域,如图 9.54 所示。

图 9.54

3 选中【耳机动画】图层,将时间调整到 0:00:00:00 的位置,打开【位置】关键帧,单击【位置】左侧码表 按钮,在当前位置添加关键帧。

4 将时间调整到 0:00:01:00 的位置,将图像向上拖动,系统将自动添加关键帧,制作出位置动画,如图 9.55 所示。

图 9.55

5 将时间调整到 0:00:05:00 的位置,单击【在当前时间添加或移除关键帧】 图标;将时间调整到 0:00:06:00 的位置,将图像向顶部拖动至背景之外的区域,系统将自动添加关键帧,如图 9.56 所示。

图 9.56

9.1.7　为总合成添加手表动画

1 在【项目】面板中选中【手表动画】,将其拖至当前时间轴面板中,并在图像中将其向右侧平移至背景之外的区域,如图 9.57 所示。

图 9.57

2 将时间调整到 0:00:06:00 的位置,按 [键设置当前图层动画入点,如图 9.58 所示。

图 9.58

3 选中【手表动画】图层，将时间调整到 0:00:06:00 的位置，打开【位置】关键帧，单击【位置】左侧码表 ◎ 按钮，在当前位置添加关键帧。

4 将时间调整到 0:00:07:00 的位置，将图像向左侧拖动，系统将自动添加关键帧，制作出位置动画，如图 9.59 所示。

图 9.59

5 将时间调整到 0:00:11:00 的位置，单击【在当前时间添加或移除关键帧】 ◆ 图标；将时间调整到 0:00:12:00 的位置，将图像向左侧拖动至背景之外的区域，系统将自动添加关键帧，如图 9.60 所示。

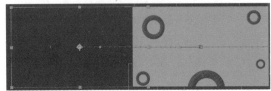

图 9.60

6 以同样的方法将【相机动画】添加至总合成时间轴面板中，并为其制作动画效果，如图 9.61 所示。

7 执行菜单栏中的【图层】|【新建】|【纯色】命令，在弹出的对话框中将【名称】更改为"背景"，将【颜色】更改为深蓝色（R：10，G：0，B：38），完成之后单击【确定】按钮。

8 选择工具栏中的【横排文字工具】 T，

在图像中输入文字（字体为 Gill Sans MT）。

图 9.61

9 在【项目】面板中选中【购物图标.png】素材，将其拖至当前时间轴面板中，放在图像中文字上方的位置，如图 9.62 所示。

图 9.62

10 同时选中【结尾动画】【文字】【购物图标.png】图层，将时间调整到 0:00:17:00 的位置，打开【不透明度】关键帧，单击【不透明度】左侧码表 ◎ 按钮，在当前位置添加关键帧，将其数值更改为 0%。

11 将时间调整到 0:00:18:00 的位置，将【不透明度】更改为 100%，系统将自动添加关键帧，制作出不透明度动画，如图 9.63 所示。

12 在【项目】面板中选中【光.avi】素材，将其拖至当前时间轴面板中，并将其图层【模式】更改为【屏幕】，如图 9.64 所示。

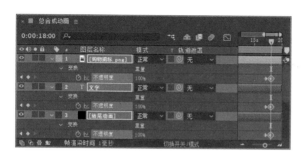

图 9.63

图 9.64

13 这样就完成了最终整体效果的制作，按
小键盘上的 0 键即可在合成窗口中预览动画。

9.2 踏青之旅主题动画设计

 实例解析

本例主要讲解踏青之旅主题动画设计。该设计采用矢量化图像作为图像整体视觉效果，以漂亮的春天
元素作为装饰图像。画面清新，视觉效果非常舒适。最终效果如图 9.65 所示。

难易程度：★★★★☆

工程文件：第 9 章 \ 踏青之旅主题动画设计

图 9.65

视频文件

知识点

【高斯模糊】特效

摄像机的使用

【CC Particle Wold（CC 粒子世界）】特效

【梯度渐变】特效

【Shine（光）】特效

【动态拼贴】特效

【镜头光晕】特效

操作步骤

9.2.1 添加文字信息

1　执行菜单栏中的【合成】|【新建合成】命令，打开【合成设置】对话框，设置【合成名称】为"春天之约"，【宽度】为 720，【高度】为 405，【帧速率】为 25，并设置【持续时间】为 0:00:10:00，【背景颜色】为黑色，完成之后单击【确定】按钮，如图 9.66 所示。

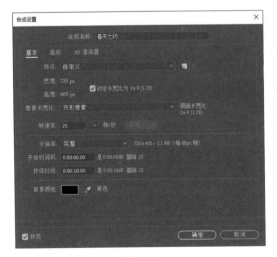

图 9.66

2　执行菜单栏中的【文件】|【导入】|【文件】

命令，打开【导入文件】对话框，选择"草原.jpg""绿叶.jpg""落叶.png""立春.png""风筝男孩.png""儿童.png""单车.png""大树.png"素材。导入素材，如图 9.67 所示。

图 9.67

3　在【项目】面板中选中【儿童.png】及【绿叶.jpg】素材，将其拖至当前时间轴面板中，并在图像中将其适当缩小，如图 9.68 所示。

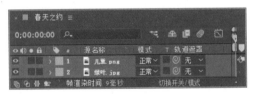

图 9.68

4 选中【儿童.png】图层，先在【效果和预设】面板中展开【模糊和锐化】特效组，然后双击【高斯模糊】特效。

5 在【效果控件】面板中将【模糊度】更改为 8.0，如图 9.69 所示。

图 9.69

6 执行菜单栏中的【图层】|【新建】|【摄像机】命令，设置【预设】为【50 毫米】，新建一个【摄像机 1】图层，并同时选中【儿童.png】及【绿叶.jpg】图层，打开其 3D 显示，如图 9.70 所示。

图 9.70

7 选中【摄像机 1】及【儿童.png】图层，将时间调整到 0:00:00:00 的位置，打开【位置】关键帧，单击【位置】左侧码表按钮，在当前位置添加关键帧。

8 将时间调整到 0:00:03:00 的位置，将【摄像机 1】图层中【位置】关键帧的数值更改为（360.0，202.5，-700.0），将【儿童.png】图层中【位置】关键帧的数值更改为（400.0，220.0，-700.0），系统将自动添加关键帧，制作出位置动画，如图 9.71 所示。

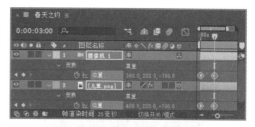

图 9.71

😊 提示　更改位置数值之后，【儿童.png】图层将不可见。

9.2.2　打造粒子效果

1 执行菜单栏中的【图层】|【新建】|【纯色】命令，在弹出的对话框中将【名称】更改为"粒子"，将【颜色】更改为黑色，完成之后单击【确定】按钮。

2 选中【粒子】图层，先在【效果和预设】面板中展开【模拟】特效组，然后双击【CC Particle Wold（CC 粒子世界）】特效。

3 在【效果控件】面板中将【Birth Rate（出生率）】更改为 0.5，将【Longevity (sec)（寿命）】更改为 3.00，如图 9.72 所示。

图 9.72

4 展开【Producer（发生器）】选项组，将【Radius X（X轴半径）】更改为0.500，将【Radius Y（Y轴半径）】更改为0.500，将【Radius Z（Z轴半径）】更改为0.500，如图9.73所示。

图9.73

5 展开【Physics（物理学）】选项组，将【Animation（动画）】更改为【Twirl（扭转）】，将【Gravity（重力）】更改为0.010。

6 展开【Direction Axis（方向轴）】选项组，将【Axis Y（Y轴）】更改为0.000。

7 展开【Gravity Vector（重力矢量）】选项组，将【Gravity Y（Y轴重力）】更改为−0.100，如图9.74所示。

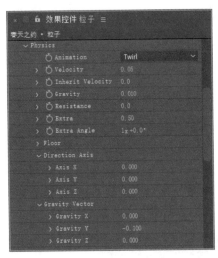

图9.74

8 展开【Particle（粒子）】选项组，将Particle Type（粒子类型）更改为【Faded Sphere（衰减球）】，将【Birth Size（出生大小）】更改为0.100，将【Death Size（消逝大小）】更改为0.050，将【Max Opacity（最大不透明度）】更改为100.0%，将【Birth Color（出生颜色）】更改为黄色（R：255，G：255，B：80），将【Death Color（消逝颜色）】更改为淡青色（R：219，G：255，B：243），如图9.75所示。

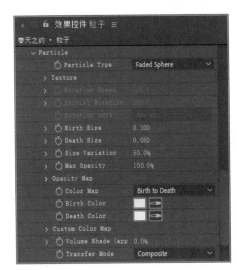

图9.75

9 选择工具栏中的【横排文字工具】，在图像中输入文字（字体为华文行楷），如图9.76所示。

图9.76

10 选中【文字】图层，先在【效果和预设】面板中展开【生成】特效组，然后双击【梯度渐变】特效。

11 在【效果控件】面板中设置【渐变起点】为（300.0，180.0）【起始颜色】为浅绿色（R：231，G：255，B：131），【渐变终点】为（300.0，228.0），【结束颜色】为白色，如图9.77所示。

图 9.77

 提示 　输入文字之后为了方便对文字进行管理，可以将文字所在图层重命名为【文字】。

技巧 　单击【梯度渐变】面板中的 交换颜色 按钮，可快速替换渐变颜色。

12 选中【文字】图层，先在【效果和预设】面板中展开【透视】特效组，然后双击【投影】特效。

13 在【效果控件】面板中，将【距离】更改为3.0，将【柔和度】更改为5.0，如图9.78所示。

图 9.78

14 在时间轴面板中展开文字层，单击【文本】右侧的 动画: ▶ 按钮，在弹出的下拉列表中选择【缩放】选项，设置【缩放】的值为（300.0，300.0%），单击【动画制作工具1】右侧的 添加: ▶ 按钮，从下拉列表中选择【属性】|【不透明度】和【属性】|【模糊】选项，设置【不透明度】的值为0%，【模糊】的值为（200.0，200.0），如图9.79所示。

图 9.79

15 展开【动画制作工具1】|【范围选择器1】|【高级】选项，在【单位】右侧的下拉列表中选择【索引】，在【形状】右侧的下拉列表中选择【上斜坡】，设置【缓和低】的值为100%，【随机排序】为【开】，如图9.80所示。

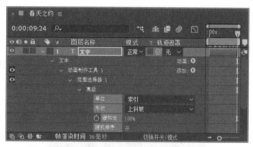

图 9.80

16 将时间调整到0:00:00:00的位置，展开【范围选择器1】选项，设置【结束】的值为10，【偏移】的值为−10.0，单击【偏移】左侧的 码表按钮，在此位置设置关键帧。

17 调整时间到 0:00:02:00 的位置，设置【偏移】的值为 20.0，系统自动添加关键帧，如图 9.81 所示。

图 9.81

9.2.3 制作光芒效果

1 选中【绿叶.jpg】图层，先在【效果和预设】面板中展开 RG Trapcode 特效组，然后双击【Shine（光）】特效。

2 在【效果控件】面板中，将时间调整到 0:00:00:00 的位置，将【Source Point（源点）】更改为（−180.0，−300.0），将【Ray length（光线长度）】更改为 4.0，如图 9.82 所示。

图 9.82

3 展开【Shimmer（微光）】选项组，将【Boost Light（光线亮度）】更改为 3.5，如图 9.83 所示。

4 展开【Colorize（着色）】选项组，将【Colorize（着色）】更改为【One Color（单色）】，将【Color（颜色）】更改为白色，如图 9.84 所示。

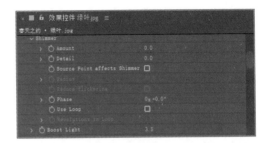

图 9.83

图 9.84

5 将时间调整到 0:00:05:00 的位置，将【Source Point（源点）】更改为（420.0，−300.0），如图 9.85 所示。

图 9.85

6 选中【绿叶.jpg】图层，在【效果和预设】面板中展开【颜色校正】特效组，然后双击【曲线】特效。

7 在【效果控件】面板中拖动曲线，降低图像亮度，如图 9.86 所示。

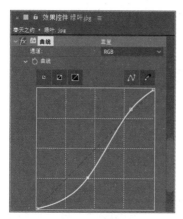

图 9.86

9.2.4 制作白云动画

1 执行菜单栏中的【合成】|【新建合成】命令，打开【合成设置】对话框，设置【合成名称】为"春天户外"，【宽度】为720，【高度】为405，【帧速率】为24，并设置【持续时间】为0:00:10:00，【背景颜色】为黑色，完成之后单击【确定】按钮，如图 9.87 所示。

2 执行菜单栏中的【图层】|【新建】|【纯色】命令，在弹出的对话框中将【名称】更改为"蓝天"，将【颜色】更改为黑色，完成之后单击【确定】按钮。

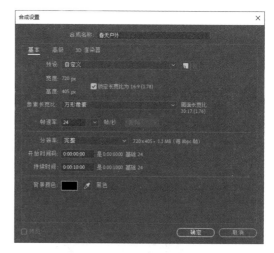

图 9.87

3 选中【蓝天】图层，按 Crtl+D 组合键将其复制一份，并重命名为"白云"，选中【蓝天】图层，先在【效果和预设】面板中展开【生成】特效组，然后双击【梯度渐变】特效。

4 在【效果控件】面板中将【渐变起点】更改为（360.0，0.0），将【起始颜色】更改为青色（R：133，G：213，B：255），将【渐变终点】更改为（360.0，405.0），将【结束颜色】更改为白色，如图 9.88 所示。

图 9.88

5 选中【白云】图层，先在【效果和预设】

面板中展开【杂色和颗粒】特效组，然后双击【分形杂色】特效。

6. 在【效果控件】面板中将【对比度】更改为 200.0，如图 9.89 所示。

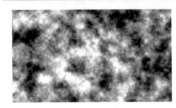

图 9.89

7. 选中【白云】图层，将其图层【模式】更改为【屏幕】，如图 9.90 所示。

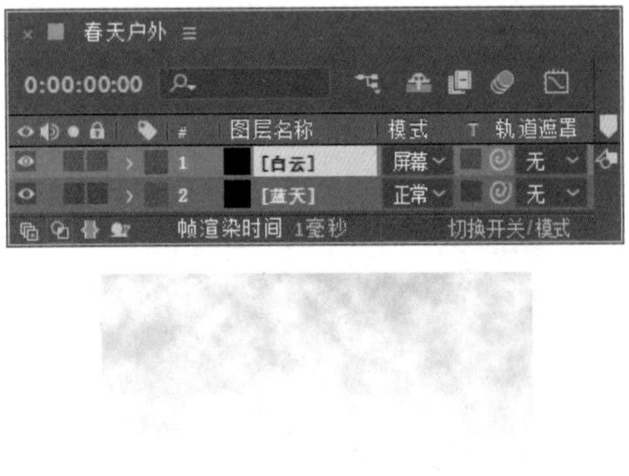

图 9.90

8. 在【效果和预设】面板中展开【颜色校正】特效组，然后双击【曲线】特效。

9. 在【效果控件】面板中拖动曲线，增加图像亮度，如图 9.91 所示。

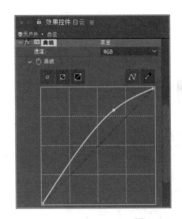

图 9.91

10. 选择工具栏中的【钢笔工具】，选中【白云】图层，在图像中绘制一个不规则蒙版路径，如图 9.92 所示。

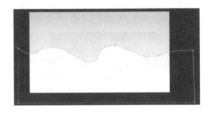

图 9.92

11. 按 F 键打开【蒙版羽化】关键帧，将数值更改为（100.0，100.0），如图 9.93 所示。

图 9.93

12. 选中【白云】图层，先在【效果和预设】面板中展开【风格化】特效组，然后双击【动态拼贴】特效。

13 在【效果控件】面板中，将【输出宽度】更改为 1000.0，选中【镜像边缘】复选框，如图 9.94 所示。

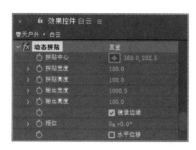

图 9.94

14 在【效果和预设】面板中展开【扭曲】特效组，然后双击【湍流置换】特效。

15 在【效果控件】面板中，将【数量】更改为 50.0，将【大小】更改为 50.0，将【复杂度】更改为 1.0，按住 Alt 键并单击【演化】左侧码表按钮，输入（time*10），为当前图层添加表达式，如图 9.95 所示。

图 9.95

16 选中【白云】图层，将时间调整到 0:00:00:00 帧的位置，单击【位置】左侧码表按钮，

为其添加关键帧，然后将时间调整到 0:00:09:23 帧的位置，将白云向左侧拖动，系统将自动创建关键帧，制作白云动画。

9.2.5 绘制草原图像

1 选择工具栏中的【钢笔工具】，在图像中绘制一个不规则图形，设置图形【填充】为白色，【描边】为无。系统将生成一个【形状图层 1】图层，效果如图 9.96 所示。

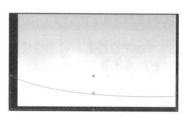

图 9.96

2 选中【形状图层 1】图层，先在【效果和预设】面板中展开【生成】特效组，然后双击【梯度渐变】特效。

3 在【效果控件】面板中，将【渐变起点】更改为（296.0，327.0），将【起始颜色】更改为绿色（R：141，G：219，B：84），将【渐变终点】更改为（294.0，403.0），将【结束颜色】更改为绿色（R：83，G：141，B：40），如图 9.97 所示。

图 9.97

4 选择工具栏中的【钢笔工具】，在图像中靠右下角位置再次绘制一个白色不规则图形，并为其添加相似梯度渐变，如图9.98所示。

图9.98

5 选中【形状图层2】图层，先在【效果和预设】面板中展开【透视】特效组，然后双击【投影】特效。

6 在【效果控件】面板中将【距离】更改为10.0，将【柔和度】更改为50.0，如图9.99所示。

图9.99

7 选择工具栏中的【钢笔工具】，在图像中绘制一个不规则图形，设置图形【填充】为白色。系统将生成一个【形状图层3】图层，效果如图9.100所示。

8 为绘制的图形添加梯度渐变，如图9.101所示。

图9.100　　　图9.101

9 选中【形状图层3】图层，先在【效果和预设】面板中展开【透视】特效组，然后双击【投影】特效。

10 在【效果控件】面板中，将【方向】更改为（0x+230.0°），将【距离】更改为5.0，将【柔和度】更改为10.0，如图9.102所示。

图9.102

11 在【项目】面板中选中【大树.png】和【落叶.png】图层，将其拖至当前时间轴面板中，将【落叶.png】图层移至【大树.png】图层下方，在图像中将落叶图像等比例缩小，如图9.103所示。

图9.103

12 选择工具栏中的【钢笔工具】，选中【落叶.png】图层，在图像中绘制一个不规则蒙版路径，如图9.104所示。

图 9.104

13 选中【落叶.png】图层,将时间调整到 0:00:01:00 的位置,展开【蒙版】|【蒙版 1】,单击【蒙版路径】左侧码表⬤按钮,在当前位置添加关键帧。将时间调整到 0:00:03:00 的位置,同时选中蒙版路径关键帧,向右下角方向拖动,系统将自动添加关键帧,如图 9.105 所示。

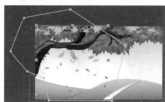

图 9.105

14 按 F 键打开【蒙版羽化】关键帧,将数值更改为(30.0,30.0)。

 添加蒙版羽化效果之后,落叶动画效果更加自然。
技巧

15 在【项目】面板中选中【单车.png】,将其拖至当前时间轴面板中,并在图像中将其移至左下角位置并适当缩小,如图 9.106 所示。

16 选中【单车.png】图层,在图像中将其向左侧平移至背景图像之外的区域,再将时间调整到 0:00:01:00 的位置,打开【位置】关键帧,单击【位

置】左侧码表⬤按钮,在当前位置添加关键帧,如图 9.107 所示。

图 9.106

图 9.107

17 将时间调整到 0:00:03:00 的位置,将单车图像向右侧拖动,系统将自动添加关键帧,制作出位置动画,如图 9.108 所示。

图 9.108

18 在【春天之约】合成时间轴面板中选中【文字】图层,先按 Ctrl+C 组合键复制该图层,

返回到【春天户外】合成中，按 Ctrl+V 组合键进行粘贴，然后更改文字信息并将字体缩小，如图 9.109 所示。

图 9.109

19 将时间调整到 0:00:03:00 的位置，按 [键设置当前图层入点，如图 9.110 所示。

图 9.110

9.2.6 制作春天草原

1 执行菜单栏中的【合成】|【新建合成】命令，打开【合成设置】对话框，设置【合成名称】为"春天草原"，【宽度】为 720，【高度】为 405，【帧速率】为 24，并设置【持续时间】为 0:00:10:00，【背景颜色】为黑色，完成之后单击【确定】按钮，如图 9.111 所示。

2 在【项目】面板中选中【草原.jpg】素材，将其拖至当前时间轴面板中，如图 9.112 所示。

3 选中【草原.jpg】图层，先在【效果和预设】面板中展开【风格化】特效组，然后双击【动态拼贴】特效。

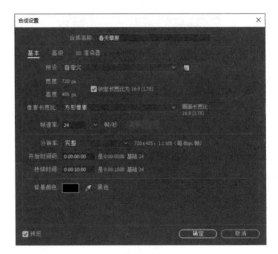

图 9.111

图 9.112

4 在【效果控件】面板中，将【输出宽度】更改为 1000.0，选中【镜像边缘】复选框，如图 9.113 所示。

图 9.113

5 选中【草原.jpg】图层，将时间调整到 0:00:00:00 的位置，打开【位置】关键帧，单击【位置】左侧码表 按钮，在当前位置添加关键帧。

6 将时间调整到 0:00:09:23 的位置，将图像向左侧拖动，系统将自动添加关键帧，制作出位置动画，如图 9.114 所示。

图 9.114

9.2.7　添加白云动画

①　执行菜单栏中的【图层】|【新建】|【纯色】命令，在弹出的对话框中将【名称】更改为"白云"，将【颜色】更改为黑色，完成之后单击【确定】按钮。

②　在【效果和预设】面板中展开【杂色和颗粒】特效组，然后双击【分形杂色】特效。

③　在【效果控件】面板中，将【对比度】更改为 170.0，将【亮度】更改为 -20.0，如图 9.115 所示。

图 9.115

④　选中【白云】图层，先在【效果和预设】面板中展开【风格化】特效组，然后双击【动态拼贴】特效。

⑤　在【效果控件】面板中，将【输出宽度】更改为 1000.0，选中【镜像边缘】复选框，如图 9.116 所示。

图 9.116

⑥　将【白云】图层的模式设置为屏幕，选择工具栏中的【钢笔工具】，选中【白云】图层，在图像的上半部分区域绘制一个不规则蒙版路径，如图 9.117 所示。

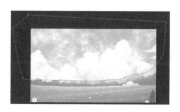

图 9.117

⑦　按 F 键打开【蒙版羽化】关键帧，将其数值更改为（150.0，150.0），如图 9.118 所示。

图 9.118

8 以同样的方法为【白云】图层制作位置动画,如图 9.119 所示。

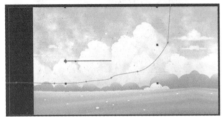

图 9.119

9 在【项目】面板中同时选中【风筝男孩 .png】及【立春 .png】素材,将其拖至当前时间轴面板中,如图 9.120 所示。

图 9.120

10 执行菜单栏中的【图层】|【新建】|【摄像机】命令,设置【预设】为【50 毫米】,新建一个【摄像机 1】图层,再同时选中【立春.png】及【风筝男孩 .png】图层,打开其 3D 开关,如图 9.121 所示。

图 9.121

 提示 由于摄像机只对 3D 图层起作用,所以在新建摄像机之后必须打开相应的 3D 图层才能应用效果。

11 选中【摄像机 1】图层,将时间调整到 0:00:00:00 的位置,打开【位置】关键帧,单击【位置】左侧码表 按钮,在当前位置添加关键帧,并将数值更改为(360.0,202.5,0.0),如图 9.122 所示。

图 9.122

12 将时间调整到 0:00:03:00 的位置,将其数值更改为(360.0,202.5,-1000.0),系统将自动添加关键帧,制作出位置动画,如图 9.123 所示。

图 9.123

9.2.8　添加光晕装饰动画

1 执行菜单栏中的【图层】|【新建】|【纯色】命令,在弹出的对话框中将【名称】更改为"高光"。

2 在【效果和预设】面板中展开【生成】特效组，然后双击【镜头光晕】特效。

3 在【效果控件】面板中，将【光晕中心】更改为（-10.0，-30.0），将时间调整到0:00:00:00的位置，单击其左侧码表按钮，在当前位置添加关键帧，将【光晕亮度】更改为120%，如图9.124所示。

图 9.124

4 将时间调整到0:00:03:00的位置，将【光晕中心】更改为（750.0，-30.0），系统将自动添加关键帧，如图9.125所示。

图 9.125

5 在【效果和预设】面板中展开【模糊和锐化】特效组，然后双击【高斯模糊】特效。

6 在【效果控件】面板中，将【模糊度】更改为5.0，如图9.126所示。

图 9.126

7 选中【高光】图层，将其图层【模式】更改为【屏幕】，如图9.127所示。

图 9.127

9.2.9 完成总合成制作

1 执行菜单栏中的【合成】|【新建合成】命令，打开【合成设置】对话框，设置【合成名称】为"总合成"，【宽度】为720，【高度】为405，【帧速率】为24，并设置【持续时间】为0:00:15:00，【背景颜色】为黑色，完成之后单击【确定】按钮，如图9.128所示。

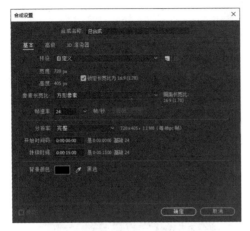

图 9.128

2 在【项目】面板中，同时选中【春天草原】【春天户外】【春天之约】合成，将其拖至当前时间轴面板中，将时间调整到 0:00:05:00 的位置，选中【春天户外】图层，按 [键设置当前图层入点，如图 9.129 所示。

图 9.129

3 将时间调整到 0:00:04:00 的位置，选中【春天之约】图层，打开【不透明度】，单击其左侧码表圆按钮，在当前位置添加关键帧。

4 选中【春天户外】图层，打开【不透明度】，将其图层不透明度更改为 0%，单击其左侧码表圆按钮，在当前位置添加关键帧，如图 9.130 所示。

图 9.130

5 将时间调整到 0:00:05:00 的位置，将【春

天之约】图层中的【不透明度】关键帧更改为 0%；将【春天户外】图层中的【不透明度】关键帧更改为 100%，系统将自动添加关键帧，如图 9.131 所示。

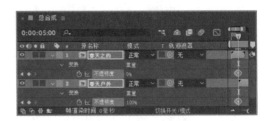

图 9.131

6 选中【春天户外】图层，将时间调整到 0:00:09:00 的位置，单击【在当前时间添加或移除关键帧】圆图标，在当前位置添加一个延时帧；将时间调整到 0:00:10:00 的位置，将【不透明度】更改为 0%，系统将自动添加关键帧，如图 9.132 所示。

图 9.132

7 选中【春天草原】图层，将时间调整到 0:00:09:00 的位置，按 [键设置当前图层入点，如图 9.133 所示。

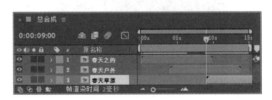

图 9.133

8 这样就完成了最终整体效果的制作，按小键盘上的 0 键即可在合成窗口中预览动画。

9.3 时尚服装宣传动画设计

 实例解析

本例主要讲解时尚服装宣传动画设计。在制作过程中，我们采用粉红色系，将花朵图像及模特素材图像相结合，使整个画面呈现出非常漂亮的视觉效果。最终效果如图 9.134 所示。

　　难易程度：★★★☆☆
　　工程文件：第 9 章 \ 时尚服装宣传动画设计

图 9.134

视频文件

知识点

【梯度渐变】特效
【阴影 / 高光】特效
表达式的应用

操作步骤

9.3.1　制作背景文字动画

1 执行菜单栏中的【合成】|【新建合成】命令，打开【合成设置】对话框，设置【合成名称】为"花朵动画"，【宽度】为 720，【高度】为 405，【帧速率】为 25，并设置【持续时间】为 0:00:10:00，【背景颜色】为黑色，完成之后单击【确定】按钮，如图 9.135 所示。

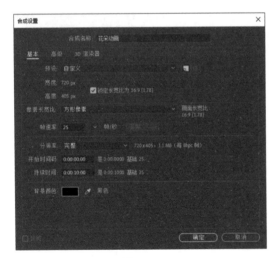

图 9.135

2 执行菜单栏中的【文件】|【导入】|【文件】命令，打开【导入文件】对话框，选择"01.png""02.png""03.png""04.png""05.png""06.png""Facebook.png""Instagram.png"

"Twitter.png""whatsapp.png""女装 .png""女装 2.png""女装 3.png""光斑.mp4""粒子.mov"素材。导入素材，如图 9.136 所示。

图 9.136

3 执行菜单栏中的【图层】|【新建】|【纯色】命令，在弹出的对话框中将【名称】更改为"背景"，将【颜色】更改为黑色，完成之后单击【确定】按钮，如图 9.137 所示。

图 9.137

4 选中【背景】图层,先在【效果和预设】面板中展开【生成】特效组,然后双击【梯度渐变】特效。

5 在【效果控件】面板中,将【渐变起点】更改为(714.0,212.0),将【起始颜色】更改为红色(R:240,G:143,B:150),将【渐变终点】更改为(360.0,405.0),将【结束颜色】更改为红色(R:249,G:205,B:208),如图9.138所示。

图9.138

6 选择工具栏中的【横排文字工具】 **T**,在图像中输入文字(字体为Script MT Bold),将其重命名为"英文",如图9.139所示。

图9.139

 技巧 为了方便对图层进行管理,可对名称过长的图层进行重命名。此处将文字图层重命名为"英文"。

7 选中【英文】图层,将其图层【模式】更改为【柔光】,打开【不透明度】关键帧,将其图层【不透明度】更改为30%,如图9.140所示。

图9.140

8 选中【英文】图层,按Ctrl+D组合键复制一个【英文2】图层。

9 选中【英文2】图层,在图像中将其向下移动,如图9.141所示。

图9.141

10 选中【英文】图层,在图像中将其向右侧适当平移,再将时间调整到0:00:00:00的位置,打开【位置】关键帧,单击【位置】左侧码表 ⏱ 按钮,在当前位置添加关键帧。

11 将时间调整到0:00:03:00的位置,将文字向左侧拖动,系统将自动添加关键帧,制作出位置动画,如图9.142所示。

图 9.142

12 选中【英文】图层，将时间调整到 0:00:00:00 的位置，打开【不透明度】关键帧，单击【不透明度】左侧码表 按钮，在当前位置添加关键帧，将其数值更改为 0%。

13 将时间调整到 0:00:02:00 的位置，将【不透明度】更改为 30%，如图 9.143 所示。

图 9.143

14 选中【英文 2】图层，在图像中将其向左侧适当平移，如图 9.144 所示。

图 9.144

15 以同样的方法为【英文】图层制作不透明度及位置动画，如图 9.145 所示。

图 9.145

9.3.2　绘制装饰图形

1 选择工具栏中的【钢笔工具】 ，在图像中绘制一个不规则图形，设置图形【填充】为白色，【描边】为无。系统将生成一个【形状图层 1】图层，效果如图 9.146 所示。

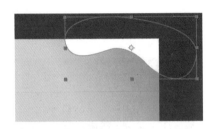

图 9.146

2 在【图层】面板中选中【背景】图层，在【效果控件】面板中选中【梯度渐变】效果，按 Ctrl+C 组合键将其复制，再选中【形状图层 1】图层，在【效果控件】面板中，按 Ctrl+V 组合键将效果粘贴，再单击【交换颜色】按钮，如图 9.147 所示。

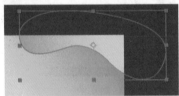

图 9.147

3 选中【形状图层 1】图层，先在【效果和预设】面板中展开【透视】特效组，然后双击【投影】特效。

4 在【效果控件】面板中，将【阴影颜色】

更改为红色（R：184，G：50，B：61），将【不透明度】更改为50%，将【距离】更改为10.0，将【柔和度】更改为45.0，如图9.148所示。

图9.148

5 选中【形状图层1】图层，先在【效果和预设】面板中展开【扭曲】特效组，然后双击【湍流置换】特效。

6 在【效果控件】面板中，按住Alt键并单击【演化】左侧码表按钮，在时间轴面板中输入表达式（time*50），为当前图层中的图像添加表达式，如图9.149所示。

图9.149

7 选中【形状图层1】图层，选择工具栏中的【向后平移（锚点）工具】，在图像中将图形中心点移至右上方位置，如图9.150所示。

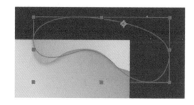

图9.150

8 选中【形状图层1】图层，将时间调整

到0:00:00:00的位置，打开【缩放】关键帧，单击【缩放】左侧码表按钮，在当前位置添加关键帧，并将【缩放】更改为（0.0，0.0%）。

9 将时间调整到0:00:02:00的位置，将【缩放】更改为（100.0，100.0%），系统将自动添加关键帧，制作缩放动画效果，如图9.151所示。

图9.151

10 选中【形状图层1】图层，按Ctrl+D组合键复制一个【形状图层2】新图层。

11 以同样的方法为【形状图层2】图层中的图形制作类似动画效果，如图9.152所示。

图9.152

12 选中【形状图层2】图层，在【效果控件】面板中选中【投影】效果控件，将【方向】更改为（0x+60.0°），如图9.153所示。

图9.153

9.3.3 制作装饰花朵动画

1 在【项目】面板中，同时选中"01.png""02.png""03.png""04.png""05.png""06.png"花朵素材图像，将其拖至时间轴面板中。在图像中适当移动素材图像的位置，并将部分花朵素材图像适当旋转及移动，如图 9.154 所示。

图 9.154

2 选中【06】图层，将时间调整到 0:00:01:00 的位置，打开【缩放】关键帧，单击【缩放】左侧码表 按钮，在当前位置添加关键帧，并将【缩放】更改为（0.0，0.0%）；将时间调整到 0:00:02:00 的位置，将【缩放】更改为（110.0，110.0%）；将时间调整到 0:00:02:05 的位置，将【缩放】更改为（100.0，100.0%），系统将自动添加关键帧，制作出缩放动画效果，如图 9.155 所示。

图 9.155

3 选中【06.png】图层，将时间调整到 0:00:00:00 的位置，打开【旋转】关键帧，单击【旋转】左侧码表 按钮，在当前位置添加关键帧。

4 将时间调整到 0:00:09:24 的位置，将其数值更改为（0x+180.0°），系统将自动添加关键帧，如图 9.156 所示。

图 9.156

5 选中【06.png】图层，先在【效果和预设】面板中展开【透视】特效组，然后双击【投影】特效。

6 在【效果控件】面板中，将【阴影颜色】更改为红色（R：137，G：41，B：48），将【方向】更改为（0x+135.0°），将【距离】更改为 5.0，将【柔和度】更改为 20.0，如图 9.157 所示。

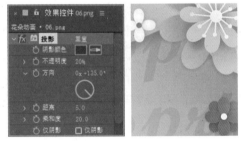

图 9.157

7 以同样的方法分别选中其他几个花朵所在图层，为图像制作缩放及旋转动画，如图 9.158 所示。

8 选中【02.png】图层并右击，在弹出的快捷菜单中选择【变换】|【水平翻转】命令，再适当移动图像，如图 9.159 所示。

9 选择工具栏中的【向后平移（锚点）工具】 ，将【02.png】图层中的图像中心点移至右下角位置，如图 9.160 所示。

图 9.158

图 9.159　　　　　图 9.160

10 选中【02.png】图层，将时间调整到 0:00:01:00 的位置，打开【缩放】关键帧，单击【缩放】左侧码表 按钮，在当前位置添加关键帧，并将【缩放】更改为（0.0，0.0%）。

11 将时间调整到 0:00:02:00 的位置，将【缩放】更改为（−70.0，−70.0%），系统将自动添加关键帧，制作缩放动画效果，如图 9.161 所示。

图 9.161

12 选中【02.png】图层，将时间调整到 0:00:02:00 的位置，打开【旋转】关键帧，单击【旋转】左侧码表 按钮，在当前位置添加关键帧，将【旋转】更改为（0x+45.0°）。

13 将时间调整到 0:00:02:10 的位置，将其数值更改为（0x+38.0°）；将时间调整到 0:00:02:20 的位置，将其数值更改为（0x+42.0°）。以同样的方法每隔 10 帧调整一次旋转数值，系统将自动添加关键帧，制作出旋转动画，如图 9.162 所示。

图 9.162

14 以同样的方法选中【01.png】图层，为其图层中的图像制作缩放及旋转动画，如图 9.163 所示。

图 9.163

9.3.4　打造文字动画

1 选择工具栏中的【横排文字工具】 ，在图像中输入文字（字体为 Script MT Bold、Segoe UI Symbol），如图 9.164 所示。将其图层分别重命名为"英文 3"和"英文 4"。

提示

> 输入文字之后可在时间轴面板中更改图层名称。

图 9.164

2 选中【英文 3】图层，将时间调整到 0:00:02:00 的位置，打开【缩放】关键帧，单击【缩放】左侧码表按钮，在当前位置添加关键帧，并将【缩放】更改为（500.0，500.0%）；打开【不透明度】关键帧，单击【不透明度】左侧码表按钮，在当前位置添加关键帧，并将【不透明度】更改为 0%。

3 将时间调整到 0:00:03:00 的位置，将【缩放】更改为（100.0，100.0%），将【不透明度】更改为 100%，系统将自动添加关键帧，制作缩放及不透明度动画效果，如图 9.165 所示。

图 9.165

4 选中【英文 3】图层，先在【效果和预设】面板中展开【模糊和锐化】特效组，然后双击【高斯模糊】特效。

5 在【效果控件】面板中，将【模糊度】更改为 100.0，将时间调整到 0:00:02:00 的位置，单击【模糊度】左侧码表按钮，在当前位置添加关键帧，如图 9.166 所示。

6 将时间调整到 0:00:03:00 的位置，将【模糊度】更改为 0.0，系统将自动添加关键帧，如图 9.167 所示。

图 9.166

图 9.167

7 选择工具栏中的【矩形工具】，选中【英文 4】图层，在图像中文字底部的位置绘制一个矩形蒙版，将部分文字隐藏，如图 9.168 所示。

图 9.168

8 将时间调整到 0:00:02:00 的位置，将【英文 4】图层展开，单击【蒙版】|【蒙版 1】|【蒙版路径】左侧码表按钮，在当前位置添加关键帧，如图 9.169 所示。

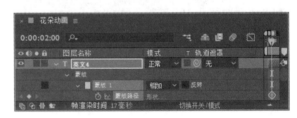

图 9.169

9 将时间调整到 0:00:03:00 的位置，在图像中同时选中路径左上角及右上角的锚点向顶部方向拖动，系统将自动添加关键帧，如图 9.170 所示。

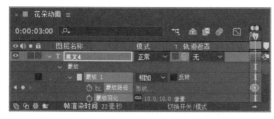

图 9.170

10 按 F 键打开【蒙版羽化】关键帧，将其数值更改为（10.0，10.0）。

11 选择工具栏中的【矩形工具】▇，绘制一个细长矩形，设置矩形【填充】为白色，【描边】为无，如图 9.171 所示。

图 9.171

12 选中【形状图层 3】图层，打开【缩放】关键帧，单击【缩放】左侧【约束比例】▇图标，将其数值更改为（0.0，100.0%），将时间调整到 0:00:02:00 的位置，单击【缩放】左侧码表▇按钮，在当前位置添加关键帧。

13 将时间调整到 0:00:03:00 的位置，将【缩放】更改为（100.0，100.0%），系统将自动添加关键帧，制作缩放动画效果，如图 9.172 所示。

14 将 Facebook.png、Instagram.png、Twitter.png 及 whatsapp.png 素材添加到时间线面板中，选中【Facebook.png】图层，将时间调整到 0:00:02:00

的位置，打开【缩放】关键帧，单击【缩放】左侧码表▇按钮，在当前位置添加关键帧，并将【缩放】更改为（0.0，0.0%）。

图 9.172

15 将时间调整到 0:00:02:10 的位置，将【缩放】更改为（100.0，100.0%），系统将自动添加关键帧，制作缩放动画效果，如图 9.173 所示。

图 9.173

16 以同样的方法分别为【Instagram.png】【Twitter.png】【whatsapp.png】图层制作缩放动画效果，如图 9.174 所示。

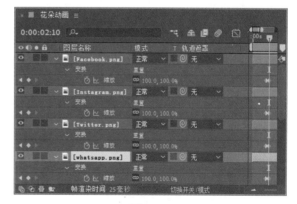

图 9.174

9.3.5 再次制作花朵动画

1 在【项目】面板中，选中【花朵动画】图层，按 Ctrl+D 组合键复制一个【花朵动画 2】新图层，双击【花朵动画 2】图层，将其打开。

2️⃣ 同时选中 4 个图标所在图层，以及【形状图层 3】【英文 4】图层，将其删除，再选中【英文 3】图层，在图像中将文字缩小后移至图像靠左侧位置，如图 9.175 所示。

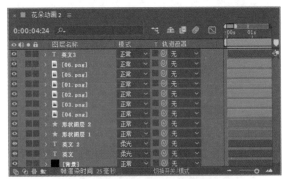

图 9.175

3️⃣ 在【项目】面板中选中【花朵动画 2】图层，按 Ctrl+D 组合键复制【花朵动画 3】及【花朵动画 4】两个新合成，如图 9.176 所示。

图 9.176

9.3.6 处理模特动画图像

1️⃣ 执行菜单栏中的【合成】|【新建合成】命令，打开【合成设置】对话框，设置【合成名称】为 "模特"，【宽度】为 500，【高度】为 400，【帧速率】为 25，并设置【持续时间】为 0:00:10:00，【背景颜色】为黑色，完成之后单击【确定】按钮，如图 9.177 所示。

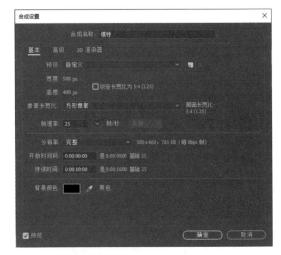

图 9.177

2️⃣ 选择工具栏中的【圆角矩形工具】■，在图像中绘制一个圆角矩形，设置【填充】为白色，【描边】为无，在图像中绘制一个圆角矩形。

3️⃣ 依次展开【形状图层 1】|【内容】|【矩形 1】|【矩形路径 1】|【圆度】，将其数值更改为 20.0，如图 9.178 所示。

图 9.178

4️⃣ 在【项目】面板中，选中【女装.png】素材图像，将其拖至当前时间轴面板中，在图像中将其适当缩小并进行移动，如图 9.179 所示。

影】特效。

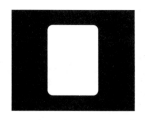

图 9.179

5 选中【形状图层 1】图层，按 Ctrl+D 组合键复制一个【形状图层 2】新图层。

6 选中【形状图层 2】图层，将其移至【女装.png】图层上方，再将【女装.png】图层【轨道遮罩】设置为【1. 形状图层 2】，如图 9.180 所示。

图 9.181

9 在【效果控件】面板中，将【阴影颜色】更改为红色（R：187，G：95，B：95），将【距离】更改为 5.0，将【柔和度】更改为 20.0，如图 9.182所示。

图 9.180

图 9.182

 提示 设置轨道遮罩之后可选中人物所在图层，在图像中移动其位置。

 提示 为了方便观察添加的投影效果，可通过单击【切换透明风格】 图标，打开或者关闭图层透明网格显示效果。

7 选中【形状图层 1】图层，打开【不透明度】，将其图层【不透明度】更改为 60%，如图 9.181 所示。

8 选中【形状图层 1】图层，先在【效果和预设】面板中展开【透视】特效组，然后双击【投

9.3.7 制作模特动画

1 切换到【花朵动画 2】合成，在【项目】面板中选中【模特】合成，将其拖至当前时间轴面

板中，并在图像中适当移动其位置，如图9.183所示。

图 9.183

2 选中【模特】图层，将时间调整到0:00:02:00的位置，打开【缩放】关键帧，单击【缩放】左侧码表◎按钮，在当前位置添加关键帧，并将【缩放】更改为（0.0，0.0%）。

3 将时间调整到0:00:03:00的位置，将【缩放】更改为（120.0，120.0%）；将时间调整到0:00:03:10的位置，将【缩放】更改为（100.0，100.0%），系统将自动添加关键帧，如图9.184所示。

图 9.184

4 选中【模特】图层，先在【效果和预设】面板中展开【模糊和锐化】特效组，然后双击【高斯模糊】特效。

5 在【效果控件】面板中，将时间调整到0:00:02:00的位置，单击【模糊度】左侧码表◎按钮，在当前位置添加关键帧，如图9.185所示。

图 9.185

6 将时间调整到0:00:03:00的位置，将【模糊度】更改为10.0；将时间调整到0:00:03:10的位置，将【模糊度】更改为0.0，系统将自动添加关键帧，如图9.186所示。

图 9.186

7 选中【模特】图层，打开【位置】关键帧，按住 Alt 键并单击【位置】左侧码表◎按钮，输入wiggle(1,10)，为当前图层添加表达式，如图9.187所示。

图 9.187

9.3.8 打造多个模特动画

1 在【项目】面板中选中【模特】合成，按 Ctrl+D 组合键复制出【模特2】【模特3】两个新图层，如图9.188所示。

2 在【项目】面板中双击【模特2】合成，选中【女装.png】图层，将其删除。

3 在【项目】面板中选中【女装2.png】素材图像，将其拖至当前时间轴面板中，并放在【形状图层 1】与【形状图层 2】之间。

图 9.188

4 选中【女装 2.png】图层,将其图层【轨道遮罩】更改为【1.形状图层 2】,再将图像适当缩小,如图 9.189 所示。

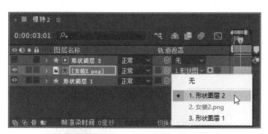

图 9.189

😊 提示　在创造轨道遮罩之后,可对图像进行缩放、移动操作。

5 在【项目】面板中双击【花朵动画 3】合成将其打开,在【项目】面板中选中【模特 2】

合成,将其拖至当前时间轴面板中。

6 将时间调整到 0:00:02:00 的位置,打开【花朵动画 2】合成,选中【模特】图层中的【高斯模糊】及【缩放】关键帧,按 Ctrl+C 组合键将其复制,再打开【花朵动画 3】图层,选中【模特 2】图层,按 Ctrl+V 组合键粘贴动画关键帧,如图 9.190 所示。

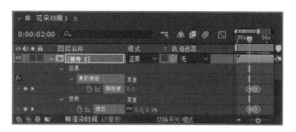

图 9.190

7 选中【模特】图层,打开【位置】关键帧,按住 Alt 键并单击【位置】左侧码表 按钮,输入 wiggle(1,10),为当前图层添加表达式,如图 9.191 所示。

图 9.191

8 选中【英文 3】图层,更改图像中的文字信息,将文字适当放大并移动位置,如图 9.192 所示。

图 9.192

9.3.9 再次打造模特动画

1 在【项目】面板中双击【模特3】合成，选中【女装.png】图层，将其删除。

2 在【项目】面板中选中【女装3.png】素材图像，将其拖至当前时间轴面板中，并放在【形状图层1】与【形状图层2】图层之间。

3 选中【女装3.png】图层，将其图层【轨道遮罩】更改为【1.形状图层2】，再将图像适当缩小，如图9.193所示。

图 9.193

4 在【项目】面板中双击【花朵动画4】合成，将其打开，在【项目】面板中选中【模特3】合成，将其拖至当前时间轴面板中。

5 打开【花朵动画3】合成，将时间调整到0:00:02:00的位置，选中【模特】图层中的【高斯模糊】及【缩放】关键帧，按Ctrl+C组合键将其复制，再打开【花朵动画4】图层，选中【模特3】图层，按Ctrl+V组合键粘贴动画关键帧，如图9.194所示。

6 选中【模特3】图层，打开【位置】关键帧，按住Alt键并单击【位置】左侧码表◯按钮，输入wiggle(1,10)，为当前图层添加表达式，如图9.195所示。

所示。

图 9.194

图 9.195

7 选中【英文3】图层，更改图像中的文字信息，将文字适当放大并移动位置，如图9.196所示。

图 9.196

9.3.10 制作总合成动画

1 执行菜单栏中的【合成】|【新建合成】命令，打开【合成设置】对话框，设置【合成名称】为"总合成"，【宽度】为720，【高度】为405，【帧速率】为25，并设置【持续时间】为0:00:20:00，【背景颜色】为黑色，完成之后单击【确定】按钮，如图9.197所示。

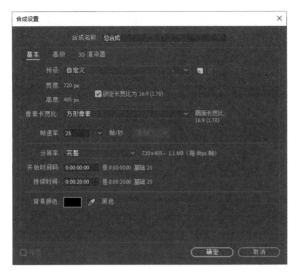

图 9.197

[2] 在【项目】面板中，同时选中【花朵动画】
【花朵动画2】【花朵动画3】【花朵动画4】图层，
将其拖至当前时间轴面板中。

[3] 将时间调整到 0:00:05:00 的位置，选中
【花朵动画2】图层，按 [键设置当前图层动画入点；
将时间调整到 0:00:10:00 的位置，选中【花朵动画3】
图层，按 [键设置当前图层动画入点；将时间调整
到 0:00:15:00 的位置，选中【花朵动画4】图层，
按 [键设置当前图层动画入点，如图 9.198 所示。

图 9.198

[4] 将时间调整到 0:00:05:00 的位置，打开
【花朵动画】及【花朵动画2】图层的【不透明度】
关键帧，单击【不透明度】左侧码表⬤按钮，在当
前位置添加关键帧，将【花朵动画2】图层的【不
透明度】更改为 0%；将时间调整到 0:00:06:00 的
位置，将【花朵动画2】图层的【不透明度】更改

为 100%，将【花朵动画】图层的【不透明度】更
改为 0%，系统将自动添加关键帧，如图 9.199 所示。

图 9.199

[5] 将时间调整到 0:00:10:00 的位置，单击
【花朵动画2】图层中【不透明度】关键帧中的【在
当前时间添加或移除关键帧】◆图标，在当前位置
添加一个延时帧；将时间调整到 0:00:11:00 的位置，
将【不透明度】更改为 0%，如图 9.200 所示。

图 9.200

[6] 选中【花朵动画3】图层，将时间调整
到 0:00:10:00 的位置，打开【不透明度】关键帧，
单击【不透明度】左侧码表⬤按钮，在当前位置
添加关键帧，将其数值更改为 0%；将时间调整到
0:00:11:00 的位置，将其数值更改为 100%；将时间
调整到 0:00:15:00 的位置，单击【在当前时间添加
或移除关键帧】◆图标，在当前位置添加一个延时
帧；将时间调整到 0:00:16:00 的位置，将其数值更
改为 0%，如图 9.201 所示。

图 9.201

[7] 选中【花朵动画4】图层，将时间调整

到 0:00:15:00 的位置，打开【不透明度】关键帧，单击【不透明度】左侧码表◎按钮，在当前位置添加关键帧，将其数值更改为 0%；将时间调整到 0:00:16:00 的位置，将其数值更改为 100%，系统将自动添加关键帧，如图 9.202 所示。

图 9.203

图 9.202

8 在【项目】面板中，同时选中【粒子.mov】及【光斑.mp4】素材，将其拖至当前时间轴面板中，并在图像中将其适当缩小，再将其图层【模式】更改为【屏幕】，如图 9.203 所示。

9 选中【粒子.mov】图层，按 Ctrl+D 组合键复制一个【粒子.mov】新图层，将复制的图层名称更改为"粒子 2"。

10 将时间调整到 0:00:10:00 的位置，选中【粒子 2】图层，按 [键设置当前图层动画入点，如图 9.204 所示。

图 9.204

11 这样就完成了最终整体效果的制作，按小键盘上的 0 键即可在合成窗口中预览动画。

9.4 课后上机实操

电视台和各电视节目制作公司都十分重视商业形象广告动画设计。出色的商业形象广告包装可以给观众留下一个非常好的印象，从而达到更好的宣传效果。本章安排了两个课后上机实操。通过这些练习，读者可以更好地掌握本章内容，以便更好地进行商业广告动画设计与应用。

9.4.1 上机实操 1——旅游主题包装设计

 实例解析

本例为旅游主题包装设计。该设计以漂亮的旅游主题元素为主，将蓝天背景与旅游相关元素相结合。整个包装动画的视觉效果非常出色。最终效果如图 9.205 所示。

难易程度：★★★☆☆
工程文件：第 9 章 \ 旅游主题包装设计

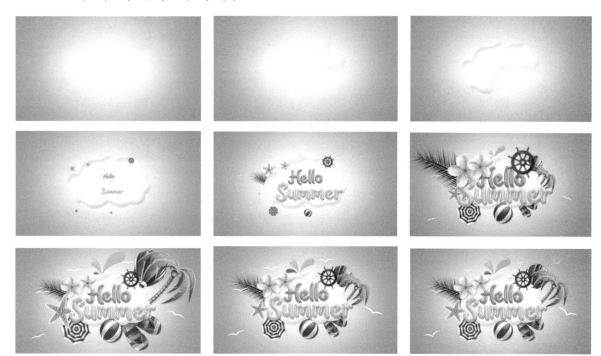

图 9.205

 知识点

表达式的应用

【缩放】属性

【径向擦除】特效

【泡沫】特效

视频文件

9.4.2 上机实操 2——果饮新品上市动画设计

 实例解析

本例为果饮新品上市动画设计。该设计以果饮新品上市品牌图像作为主要的视觉动画，通过添加一些装饰元素即可完成整个动画设计效果。最终效果如图 9.206 所示。

难易程度：★★☆☆☆
工程文件：第 9 章 \ 果饮新品上市动画设计

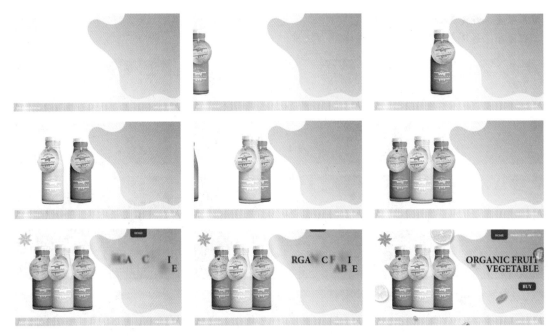

图 9.206

 知识点

【位置动画】属性

【不透明度】属性

弹动效果

旋转动画

视频文件